全国中等职业学校电工类专业通用教材

全国技工院校电工类专业通用教材（中级技能层级）

常用机床电气设备维修

（第二版）

人力资源社会保障部教材办公室 组织编写

中国劳动社会保障出版社

简　介

本书主要内容包括 CA6140 型卧式车床电气控制线路维修、M7130 型平面磨床电气控制线路维修、Z37 型摇臂钻床电气控制线路维修、X62W 型卧式铣床电气控制线路维修、T68 型卧式镗床电气控制线路维修。

本书由朱彦齐任主编，史海威、崔书华任副主编，丁泽庆、边可可、李金镯、王枫清、郑远、郭海朝参与编写。

图书在版编目（CIP）数据

常用机床电气设备维修 / 人力资源社会保障部教材办公室组织编写. -- 2 版. -- 北京：中国劳动社会保障出版社，2022

全国中等职业学校电工类专业通用教材　全国技工院校电工类专业通用教材. 中级技能层级

ISBN 978-7-5167-5564-8

Ⅰ. ①常…　Ⅱ. ①人…　Ⅲ. ①机床 - 电气设备 - 维修 - 中等专业学校 - 教材　Ⅳ. ①TG502.34

中国版本图书馆 CIP 数据核字（2022）第 215991 号

中国劳动社会保障出版社出版发行

（北京市惠新东街 1 号　邮政编码：100029）

*

北京谊兴印刷有限公司印刷装订　新华书店经销

787 毫米 ×1092 毫米　16 开本　10.5 印张　198 千字

2022 年 12 月第 2 版　　2025 年 1 月第 3 次印刷

定价：21.00 元

营销中心电话：400-606-6496

出版社网址：http://www.class.com.cn

http://jg.class.com.cn

前 言

为了更好地适应全国技工院校电工类专业的教学要求，全面提升教学质量，人力资源社会保障部教材办公室组织有关学校的一线教师和行业、企业专家，在充分调研企业生产和学校教学情况、广泛听取教师使用反馈意见的基础上，吸收和借鉴各地技工院校教学改革的成功经验，对现有电工类专业通用教材进行了修订（新编）。

本次教材修订（新编）工作的重点主要体现在以下几个方面。

更新教材内容

◆ 根据企业岗位需求变化和教学实践，确定学生应具备的知识与能力结构，调整部分教材内容，增补开发教材，使教材的深度、难度、广度与实际需求相匹配。

◆ 根据相关专业领域的最新技术发展，推陈出新，补充新知识、新技术、新设备、新材料等方面的内容。

◆ 根据最新的国家标准、行业标准编写教材，保证教材的科学性和规范性。

◆ 根据一体化教学理念，提高实践性教学内容的比重，进一步强化理论知识与技能训练的有机结合，体现“做中学、学中做”的教学理念。

优化呈现形式

◆ 创新教材的呈现形式，尽可能使用图片、实物照片和表格等形式将知识点生动地展示出来，提高学生的学习兴趣，提升教学效果。

◆ 部分教材将传统黑白印刷升级为双色印刷和彩色印刷，提升学生的阅读体验。例如，《电工基础（第六版）》和《电子技术基础（第六版）》采用双色设计，使电路图、波形图的内涵清晰明了；《安全用电（第六版）》将图片进行彩色重绘，符合学生的认知习惯。

提升教学服务

为方便教师教学和学生学习，除全面配套开发习题册外，还提供二维码资源、电子教案、电子课件、习题参考答案等多种数字化教学资源。

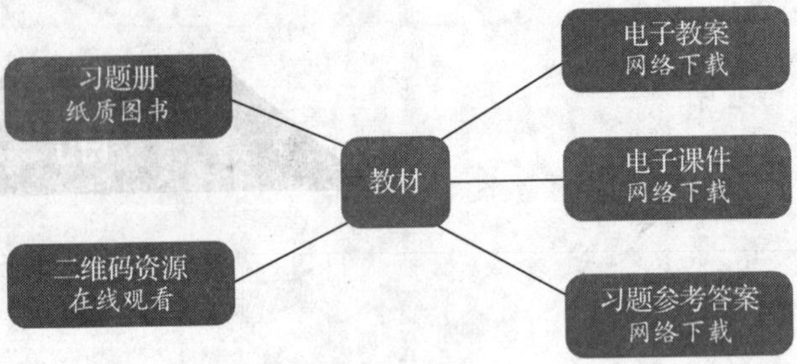

二维码资源——在部分教材中，针对重点、难点内容制作微视频，针对拓展学习内容制作电子阅读材料，使用移动设备扫描即可在线观看、阅读。

电子教案——结合教材内容编写教案，体现教学设计意图，为教师备课提供参考。

电子课件——依据教材内容制作电子课件，为教师教学提供帮助。

习题参考答案——提供教材中习题及配套习题册的参考答案，为教师指导学生练习提供方便。

电子教案、电子课件、习题参考答案均可通过技工教育网（http://jg.class.com.cn）下载使用。

致谢

本次教材的修订（新编）工作得到了辽宁、江苏、山东、河南、广西等省（自治区）人力资源社会保障厅及有关学校的大力支持，在此我们表示诚挚的谢意。

人力资源社会保障部教材办公室

2020年9月

目 录

课题一 CA6140 型卧式车床电气控制线路维修

课题二 M7130 型平面磨床电气控制线路维修

课题三 Z37 型摇臂钻床电气控制线路维修

课题四 X62W 型卧式铣床电气控制线路维修

课题五　T68 型卧式镗床电气控制线路维修

课题一
CA6140 型卧式车床电气控制线路维修

任务 1　CA6140 型卧式车床主轴电动机不能启动故障维修

学习目标

1. 熟悉 CA6140 型卧式车床的结构及功能。
2. 熟悉车床主轴电动机的运动形式及控制要求。
3. 掌握车床主轴电动机控制线路的工作原理。
4. 掌握生产机械电气设备检修的一般要求和方法。
5. 熟悉车床主轴电动机控制线路的常见故障及其排除方法。
6. 掌握车床主轴电动机不能启动故障的检修流程，能正确排除故障。

任务引入

某加工厂生产车间的 CA6140 型卧式车床通电后主轴电动机不能启动，经维修班组长初步检查，判断为电气故障，需要对该设备控制线路进行检修。CA6140 型卧式车床主轴电动机控制线路如图 1–1–1 所示。

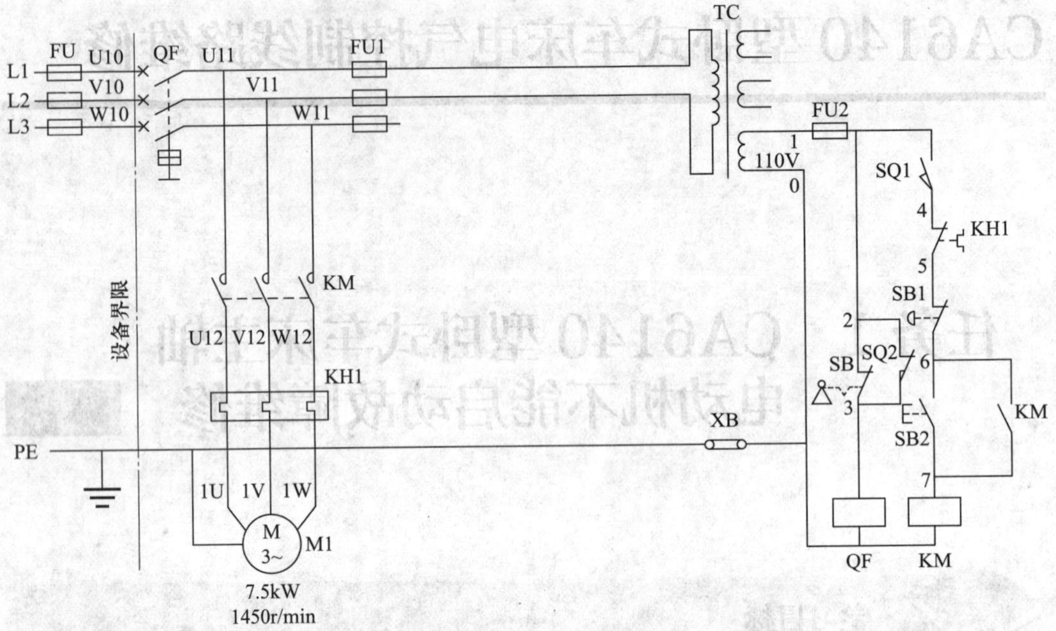

图 1–1–1　CA6140 型卧式车床主轴电动机控制线路①

相关知识

一、认识 CA6140 型卧式车床

车床是一种应用极为广泛的金属切削机床，能完成车削内圆、外圆、端面、螺纹以及钻孔、镗孔、倒角、切槽、切断等加工工序，常用于机械制造业的单件、小批量生产车间，各行业的工具制造部门，机械设备维修部门以及实验室等。

1．CA6140 型卧式车床的主要结构

CA6140 型卧式车床是机械加工中应用较广的一种车床，其外形及结构如图 1–1–2 所示，主要由床身、主轴箱、进给箱、溜板箱、刀架、卡盘、尾座、丝杠和光杠等部分组成。

① 本书中某些原理图为部分机床电气控制线路，电器元件编号不连续。

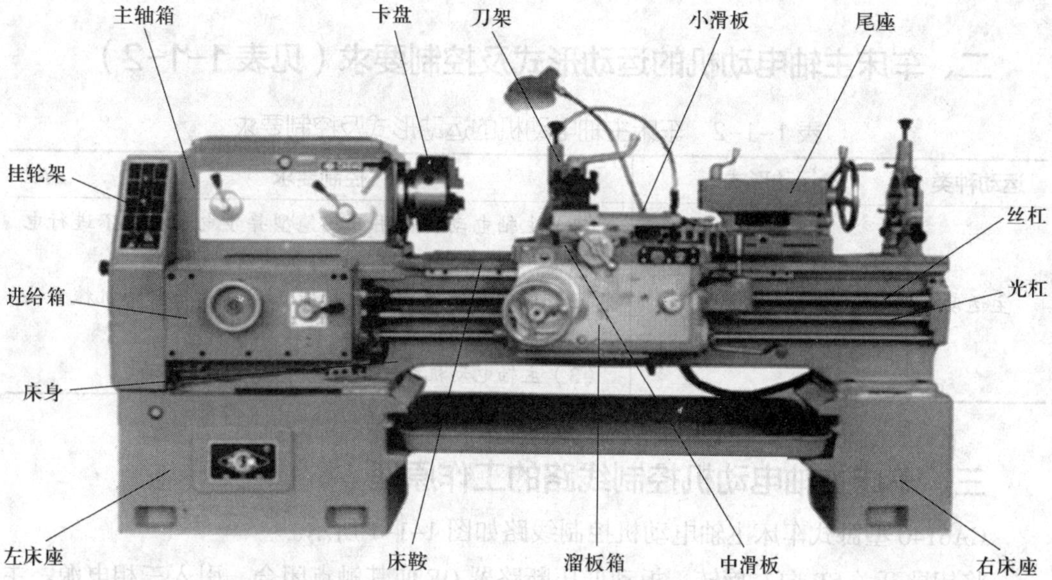

图 1-1-2 CA6140 型卧式车床的外形及结构

2. CA6140 型卧式车床主要结构的功能（见表 1-1-1）

表 1-1-1 CA6140 型卧式车床主要结构的功能

结构名称	主要功能
主轴箱	由多个直径不同的齿轮组成，实现主轴的变速和换向
进给箱	实现刀具的纵向和横向进给，并可改变进给速度
溜板箱	实现床鞍和中滑板手动或自动进给，并可控制进给量
卡盘	夹持工件，并带动工件旋转
挂轮架	将主轴电动机的动力传递给进给箱
刀架	安装刀具
床鞍	带动刀架纵向进给
中滑板	带动刀架横向进给
小滑板	通过摇动手轮使刀具纵向进给
尾座	安装顶尖、钻头和铰刀等
光杠	带动溜板箱运动，实现内外圆切削、端面切削、镗孔等加工
丝杠	带动溜板箱运动，实现螺纹加工
床身	主要起支撑作用
左床座	内装主轴电动机和冷却泵电动机、电气控制线路
右床座	内装切削液

二、车床主轴电动机的运动形式及控制要求（见表 1-1-2）

表 1-1-2　车床主轴电动机的运动形式及控制要求

运动种类	运动形式	控制要求
主运动	主轴通过卡盘或顶尖带动工件做旋转运动	（1）主轴电动机选用三相笼型异步电动机，不进行电气调速，主轴采用齿轮箱进行机械有级调速 （2）车削螺纹时要求主轴能正反转，一般由机械方法实现，主轴电动机只做单向旋转 （3）主轴电动机容量不大，可采用直接启动

三、车床主轴电动机控制线路的工作原理

CA6140 型卧式车床主轴电动机控制线路如图 1-1-1 所示。

将钥匙开关 SB 向右旋转，扳动低压断路器 QF 使其触点闭合，引入三相电源。主轴电动机 M1 由接触器 KM 控制，并作失、欠压保护，热继电器 KH1 作过载保护，熔断器 FU 和低压断路器 QF 作短路保护。

控制电路的电源由控制变压器 TC 二次侧输出 110 V 电压提供。

主轴电动机 M1 的启动和停止是由启动按钮 SB2 和急停按钮 SB1 控制接触器 KM 线圈的得电和失电来实现的。其控制过程如下：

M1 启动：按下启动按钮 SB2 控制 KM 线圈得电实现。

M1 停止：按下急停按钮 SB1 控制 KM 线圈失电实现。

四、车床主轴电动机的启动操作（见表 1-1-3）

表 1-1-3　车床主轴电动机的启动操作

序号	操作内容	观察内容	正常结果
1	按下启动按钮 SB2	接触器 KM	吸合
		主轴电动机 M1	启动运转
2	向上抬机械操纵手柄	主轴	立即正转
		卡盘	带动工件正转
3	向下压机械操纵手柄	主轴	立即反转
		卡盘	带动工件反转

五、生产机械电气设备检修的一般要求和方法

1. 生产机械电气设备检修的一般要求

（1）检修过程必须严格遵守电工安全操作规程，时刻保持“安全第一”的意识，

确保维修人员生命安全和生产机械设备安全。

（2）采用正确的检修步骤和方法，不得损坏完好的电器元件，不得伤及无故障的线路和电器元件。

（3）不得随意更换线路和电器元件的型号规格。

（4）不得随意改动线路。

（5）修复完毕，生产机械的各项功能和保护性能应达到原有标准。

2. 生产机械电气设备检修的一般方法

电气设备的检修包括日常维护保养和故障检修两个方面。这里主要介绍故障检修方面的相关知识。

（1）电气设备故障检修的一般步骤

1）检修前的故障检查。当生产机械发生电气故障后，切忌盲目动手检修。应先通过问、看、听、摸、闻等方法了解故障发生前后的操作情况和故障发生后出现的异常情况。

问——询问操作者故障发生前后线路的运行状况及故障发生后的症状，如设备是否有异常的响声、冒烟、火花等，故障发生前有无切削力过大或频繁地启动、停止、制动等情况，有无经过保养检修或更改线路等。

看——观察故障发生后是否有明显的外观征兆，如各种信号指示装置的情况，保护元件脱扣动作情况，接线脱落情况，触点烧蚀或熔焊情况，线圈过热烧毁情况等。

听——在线路还能运行和不扩大故障范围、不损坏设备的前提下通电试车，细听电动机、接触器和继电器等元件的声音是否正常。

摸——在刚切断电源后，尽快触摸检查电动机、变压器、电磁线圈和熔断器等是否有过热现象。

闻——在确保安全的前提下，闻一闻电动机、接触器和继电器等的线圈绝缘以及导线的橡胶塑料层是否有烧焦的气味。

2）根据故障现象分析确定故障范围。通过问、看、听、摸、闻等方法检查后，对于明显的简单故障，可较快地判断故障发生的部位并排除故障；对于外观无变化、不易被发现的故障，要从电气原理图上分析故障原因，采用逻辑推理的方法，初步确定故障范围。分析时，通常从主电路入手，对有故障状态的电动机有针对性地排查相关的控制线路电器元件，找到故障发生的确切原因。

3）采用测量法查找故障点。测量法是用来准确查找故障点的一种行之有效的方法。测量法就是利用万用表、验电笔、校验灯等测量工具和仪表，对部分可疑线路或电器元件进行测量，以检测其是否具备正常性能。在用测量法查找故障点时，要保证测量工具和仪表完好、测试方法正确，还要注意防止线路中感应电、回路电及其他并联支路的影响，以免造成误判。

（2）几种常用的测量法

1）验电笔测量法。验电笔测量法常用于检测主电路各点是否有电和熔断器是否熔断。

2）万用表测量法。万用表测量法分为电压测量法和电阻测量法两种。

①电压测量法。电压测量法是在线路通电的情况下，通过测量某两点之间有无电压来判断线路是否存在故障。例如，正常运行时，电器元件线圈应有额定电压值，若测得其电压为0，则说明线圈或线圈接线存在故障。

②电阻测量法。电阻测量法是在线路不通电的情况下，通过测量某两点之间有无电阻来判断线路是否存在故障。例如，正常情况下，熔断器两端的电阻值近似为0，若测得其两端的电阻值近似“∞”，则说明熔断器两端处于断路状态。

从实践来看，电阻测量法在线路不通电情况下进行测量，安全系数较高，应用更为广泛。

3）校验灯法。校验灯法常用于检测故障线路某条支路是否存在断点。具体方法如下：将带有电源的白炽灯线路断开某点，将断点处的两根导线引出，作为检测线接在被测线路怀疑有断点的部位；若白炽灯亮，则说明两根检测线之间的被测线路没有断点，连接良好，否则，则说明两根检测线之间的被测线路存在断点。该方法适用于被测线路两点距离较长，或用仪表测量不方便的情况。

3. 故障检修的注意事项

（1）在许多电气设备中，电器元件的动作是由机械、液压配合实现的，因此，检修电气故障时，应考虑是否与机械、液压方面有关系，必要时，应与机械维修配合完成。

（2）找出故障点并修复故障后，应进一步分析查明故障发生的根本原因，并予以解决，以免类似故障重复发生。

（3）故障修复后，应与操作者配合，完成通电试车。对于检修完毕的生产机械，如在操作运行时有新的要求，必须向操作者说明，以确保生产机械正常运行。

（4）做好维修记录，如认为生产机械的某些线路或电器元件设计或型号规格选择不合理且需改进，也应详细注明，以备日后改进时参考。

六、车床主轴电动机控制线路的常见故障及其排除方法（见表1–1–4）

表1–1–4　车床主轴电动机控制线路的常见故障及其排除方法

故障现象	主要故障点	检修排除方法
M1不能启动	FU熔断	更换同型号熔体
	FU1熔断	更换同型号熔体
	SQ1接触不良或接线脱落	修复或更换SQ1，接好脱落线
	KH1接触不良或接线脱落	修复或更换KH1，接好脱落线

续表

故障现象	主要故障点	检修排除方法
M1 不能启动	SB1 接触不良或接线脱落	修复或更换 SB1，接好脱落线
	SB2 接触不良或接线脱落	修复或更换 SB2，接好脱落线
	KM 线圈断路或接线脱落	修复或更换 KM，接好脱落线
M1 不能自锁	KM 辅助常开触点氧化	用小刀刮去氧化层
	KM 辅助常开触点磨损严重	更换触点
	KM 辅助常开触点 6#、7# 接线脱落	接好脱落线
M1 不能停车	KM 主触点熔焊	更换 KM
	KM 铁心表面粘牢污垢	清除污垢
	SB1 被击穿	更换 SB1
	5#、6# 两点间接线短路	排除短路点
M1 运行中突然停车	KH1 常闭触点断开	查找过载原因，使触点恢复闭合

七、车床主轴电动机不能启动故障的检修流程（见图 1-1-3）

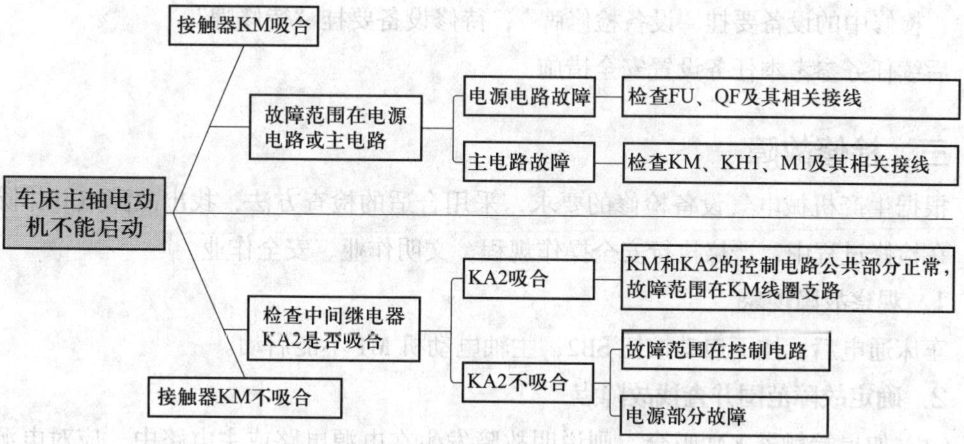

图 1-1-3 车床主轴电动机不能启动故障的检修流程

任务实施

一、准备工具和材料

按表 1-1-5 准备所需工具和材料。

表 1-1-5　工具、材料清单

工具	电工通用工具（1套）、专用工具（如手电钻、压线钳、各种扳手等）				
仪表	ZC25-3 型兆欧表（500 V）、MG3-1 型钳形电流表、MF47 型万用表				
资料	任务单、出厂资料、维修档案、施工图纸、维修计划模板、维修记录模板、电工安全操作规程、电工手册、电气装置安装工程施工及验收规范等				
材料	导线、控制器件、保护器件、线槽、绝缘材料、劳保用品、安全警示牌、警戒围栏				
器材	代号	名称	型号	规格	数量
	KH1	热继电器	JR36-20/3D	15.4 A	1
	KM	交流接触器	CJ10-20	线圈电压 110 V	1
	SB1	急停按钮	LAY3-01ZS/1	—	1
	SB2	启动按钮	LAY3-10/3	—	1
	QF	低压断路器	AM2-40	20 A	1
	TC	控制变压器	JBK2-100	380 V/110 V、24 V、6 V	1

二、设置安全措施

1. 检修过程中，为保证安全，防止无关人员进入检修区域，以及提醒维修人员与周围其他运行设备保持足够的安全距离，一般应将被检修设备与其他设备隔离，保留足够的安全距离，以保证检修工作顺利完成。

2. 检修设备时，为防止操作人员不明情况而启动或操作设备，应在设备上悬挂标识牌，检修中的设备要挂“设备检修牌”，待修设备要挂“待修牌”。

后续任务参考本任务设置安全措施。

三、检修故障

根据生产机械电气设备检修的要求，采用合适的检查方法，找出故障点并排除故障。在检修过程中，严格执行安全操作规程，文明作业、安全作业。

1．观察故障现象

车床通电后，按下启动按钮 SB2，主轴电动机 M1 不能启动。

2．确定故障范围并查找故障点

（1）如果接触器 KM 吸合，则说明故障发生在电源电路或主电路中，应对电源电路或主电路进行检修。

合上低压断路器 QF，电源电路正常。当测量 U11 与 W11 之间电压为 0 时，再测量 U10 与 W10 之间的电压值，如果电压为 0，则说明熔断器 FU（L3 或 L1）熔断或接线脱落、断开；否则，则说明低压断路器 QF（L3 相或 L1 相）接触不良或接线脱落、断开。断开低压断路器 QF，用万用表电阻 R×1 挡测量接触器 KM 输出端 U12、V12、W12 之间的电阻值，如果电阻值较小且相等，则说明所测线路正常；否则，应依次检查热继电器

KH1、主轴电动机 M1 及其相关接线是否脱落、断开；检查接触器 KM 主触点是否良好，如果接触不良或烧毛，则应更换动、静触点或相同规格的接触器；检查电动机机械部分是否良好，如果电动机内部轴承等损坏，应更换轴承；如果电动机外部有问题，可配合机修钳工进行维修。

（2）如果接触器 KM 不吸合，应检查热继电器 KH1 触点动作是否复位，熔断器 FU2 是否熔断；如果没有问题，用万用表交流电压 250 V 挡逐级检测接触器 KM 线圈支路的 110 V 电压是否正常，进而判断故障原因是控制变压器 TC 二次侧 110 V 绕组有问题、接触器 KM 线圈烧坏、某个开关或按钮接触不良，还是支路中的接线有问题。

3. 排除故障

（1）在有故障的车床上或人为设置自然故障点的车床上，由教师进行示范检修，边分析边检查，直至故障排除。

（2）由教师设置已知故障点，在教师指导下从故障现象着手进行分析，采用正确的检查步骤和检修方法进行检修。

任务 2　CA6140 型卧式车床刀架不能快速移动故障维修

学习目标

1. 熟悉车床刀架快速移动电动机的运动形式及控制要求。
2. 掌握车床刀架快速移动电动机控制线路的工作原理。
3. 熟悉车床刀架快速移动电动机控制线路的常见故障及其排除方法。
4. 掌握车床刀架不能快速移动故障的检修流程，能正确排除故障。

任务引入

某加工厂生产车间的 CA6140 型卧式车床加工时刀架不能快速移动，经维修班组长初步检查，判断为电气故障，需要对该设备控制线路进行检修。CA6140 型卧式车床刀架快速移动电动机控制线路如图 1–2–1 所示。

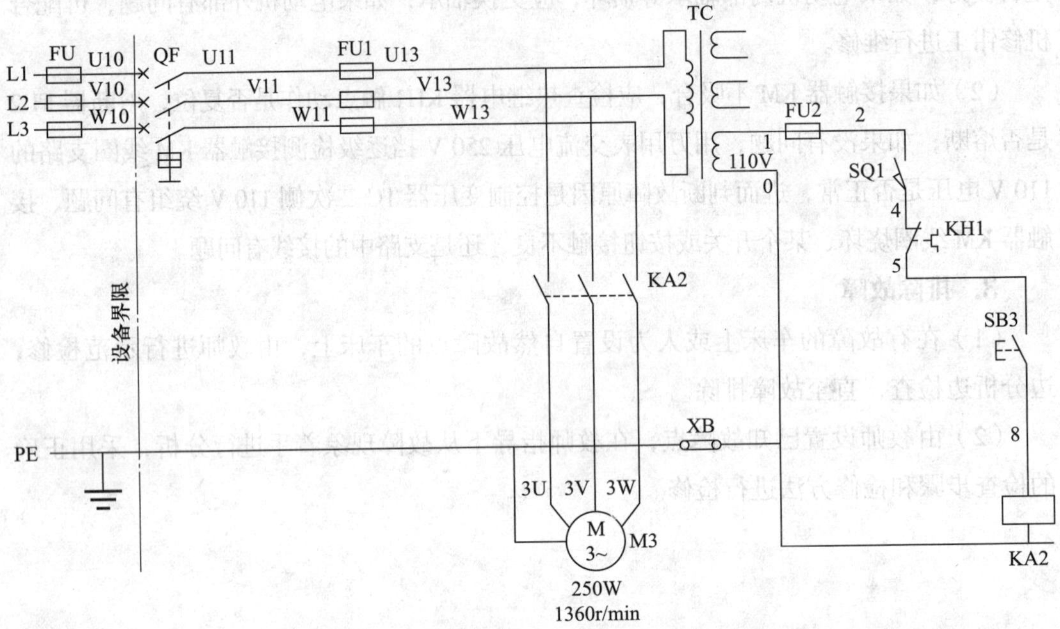

图 1–2–1　CA6140 型卧式车床刀架快速移动电动机控制线路

相关知识

一、车床刀架快速移动电动机的运动形式及控制要求（见表 1–2–1）

表 1–2–1　车床刀架快速移动电动机的运动形式及控制要求

运动种类	运动形式	控制要求
辅助运动	刀架的快速移动	由刀架快速移动电动机拖动，此电动机采用直接启动，不需要反转和调速

二、车床刀架快速移动电动机控制线路的工作原理

CA6140 型卧式车床刀架快速移动电动机控制线路如图 1–2–1 所示。

刀架快速移动电动机 M3 由中间继电器 KA2 控制，熔断器 FU1 作短路保护。

刀架快速移动电动机 M3 的启动是由安装在进给操作手柄顶端的按钮 SB3 控制的，

SB3 与中间继电器 KA2 组成点动控制环节。将进给操作手柄扳到所需移动的方向，按下 SB3，KA2 得电吸合，M3 启动运转，刀架沿指定的方向快速移动；松开 SB3，M3 停止运行，刀架停止快速移动。

三、车床刀架快速移动电动机的启动操作（见表 1–2–2）

表 1–2–2 车床刀架快速移动电动机的启动操作

序号	操作内容	观察内容	正常结果
1	按下按钮 SB3	中间继电器 KA2	吸合
		刀架快速移动电动机 M3	启动运转
		刀架	快速移动
2	松开按钮 SB3	中间继电器 KA2	释放
		刀架快速移动电动机 M3	停转
		刀架	停止移动

四、车床刀架快速移动电动机控制线路的常见故障及其排除方法（见表 1–2–3）

表 1–2–3 车床刀架快速移动电动机控制线路的常见故障及其排除方法

故障现象	主要故障点	检修排除方法
刀架不能快速移动	FU2 熔断	更换同型号熔体
	SQ1 接触不良	修复或更换 SQ1
	SQ1 的 2#、4# 接线脱落	接好脱落线
	KH1 接触不良	修复或更换 KH1
	KH1 的 4#、5# 接线脱落	接好脱落线
	SB3 接触不良	修复或更换 SB3
	SB3 的 5#、8# 接线脱落	接好脱落线
	KA2 线圈断路或接线脱落	修复或更换 KA2，接好脱落线
	KA2 常开触点接触不良	修复或更换 KA2
	M3 主电路接线脱落	接好脱落线

五、车床刀架不能快速移动故障的检修流程（见图 1–2–2）

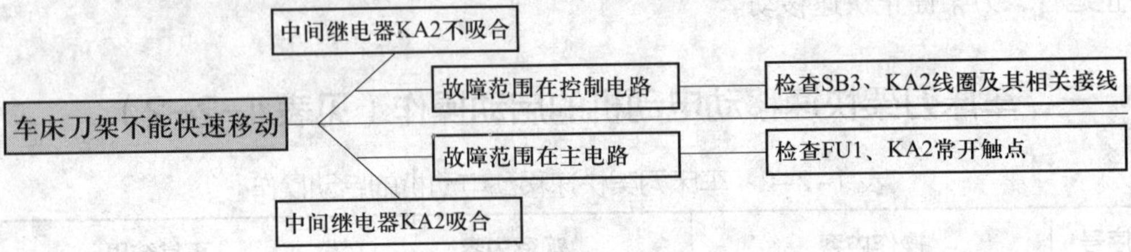

图 1–2–2　车床刀架不能快速移动故障的检修流程

任务实施

一、准备工具和材料

按表 1–2–4 准备所需工具和材料。

表 1–2–4　工具、材料清单

<table>
<tr><td>工具</td><td colspan="5">电工通用工具（1 套）、专用工具（如手电钻、压线钳、各种扳手等）</td></tr>
<tr><td>仪表</td><td colspan="5">ZC25–3 型兆欧表（500 V）、MG3–1 型钳形电流表、MF47 型万用表</td></tr>
<tr><td>资料</td><td colspan="5">任务单、出厂资料、维修档案、施工图纸、维修计划模板、维修记录模板、电工安全操作规程、电工手册、电气装置安装工程施工及验收规范等</td></tr>
<tr><td>材料</td><td colspan="5">导线、控制器件、保护器件、线槽、线管、绝缘材料、劳保用品、安全警示牌、警戒围栏</td></tr>
<tr><td rowspan="6">器材</td><td>代号</td><td>名称</td><td>型号</td><td>规格</td><td>数量</td></tr>
<tr><td>KH1</td><td>热继电器</td><td>JR36–20/3D</td><td>15.4 A</td><td>1</td></tr>
<tr><td>KA2</td><td>中间继电器</td><td>JZ7–44</td><td>线圈电压 110 V</td><td>1</td></tr>
<tr><td>SB3</td><td>按钮</td><td>LA9</td><td>—</td><td>1</td></tr>
<tr><td>QF</td><td>低压断路器</td><td>AM2–40</td><td>20 A</td><td>1</td></tr>
<tr><td>TC</td><td>控制变压器</td><td>JBK2–100</td><td>380 V/110 V、24 V、6 V</td><td>1</td></tr>
</table>

二、检修故障

1. 观察故障现象

车床通电后，将进给操作手柄扳到所需移动的方向，按下按钮 SB3，刀架快速移动电动机 M3 不启动，刀架不能快速移动。

2. 确定故障范围并查找故障点

通过试验观察法进行分析，缩小故障范围。在不扩大故障范围、不损坏电气设备的前提下，进行通电试验。

按下按钮 SB3，如果中间继电器 KA2 不吸合，则应检查控制电路部分，检查顺序为：连接 SB3 的 5# 接线→SB3→8# 接线→KA2 线圈→连接 KA2 的 0# 接线；如果中间继电器 KA2 吸合，则应检查 KA2 的常开触点是否接触良好、相关接线是否连接好、刀架快速移动电动机 M3 有无问题、机械负载有无卡死现象。

3. 排除故障

（1）在有故障的车床上或人为设置自然故障点的车床上，由教师进行示范检修，边分析边检查，直至故障排除。

（2）由教师设置已知故障点，在教师指导下从故障现象着手进行分析，采用正确的检查步骤和检修方法进行检修。

任务 3 CA6140 型卧式车床冷却泵不能启动故障维修

学习目标

1. 熟悉车床冷却泵电动机的运动形式及控制要求。
2. 掌握车床冷却泵电动机控制线路的工作原理。
3. 熟悉车床冷却泵电动机控制线路的常见故障及其排除方法。
4. 掌握车床冷却泵不能启动故障的检修流程，能正确排除故障。

任务引入

某加工厂生产车间的 CA6140 型卧式车床通电后冷却泵不能启动，经维修班组长初步检查，判断为电气故障，需要对该设备控制线路进行检修。CA6140 型卧式车床冷却泵电动机控制线路如图 1–3–1 所示。

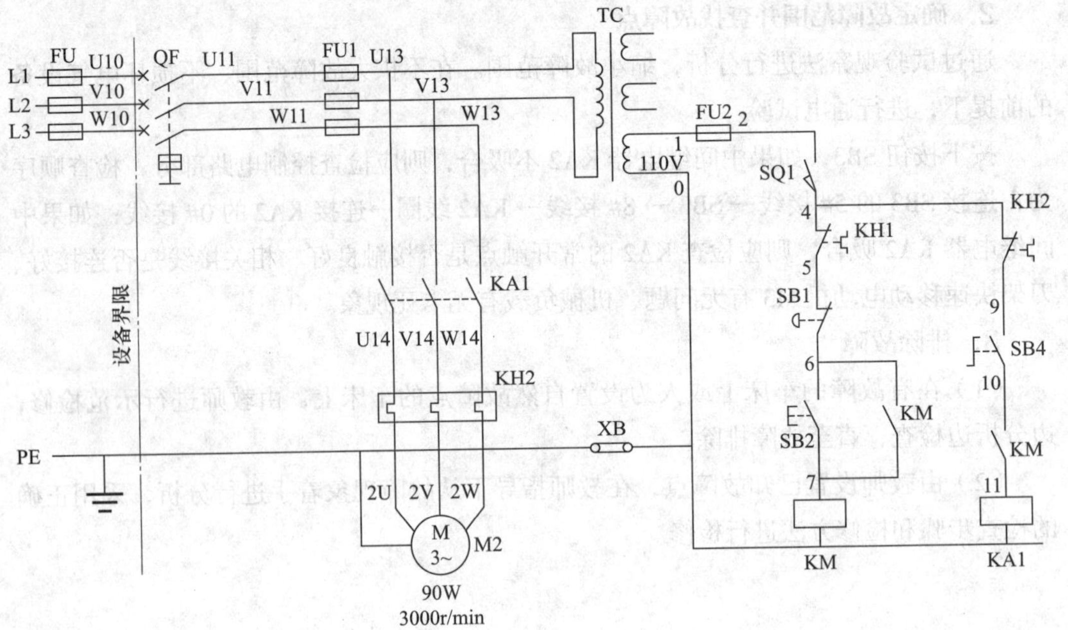

图 1–3–1　CA6140 型卧式车床冷却泵电动机控制线路

相关知识

一、车床冷却泵电动机的运动形式及控制要求（见表 1–3–1）

表 1–3–1　车床冷却泵电动机的运动形式及控制要求

运动种类	运动形式	控制要求
辅助运动	加工过程的冷却	冷却泵电动机和主轴电动机要实现顺序控制，主轴电动机启动后冷却泵电动机才能启动。冷却泵电动机不需要正反转和调速

二、车床冷却泵电动机控制线路的工作原理

CA6140 型卧式车床冷却泵电动机控制线路如图 1–3–1 所示。

冷却泵电动机 M2 由中间继电器 KA1 控制，热继电器 KH2 作过载保护，熔断器 FU1 作短路保护。KM 的辅助常开触点（10–11）实现主轴电动机 M1 和冷却泵电动机 M2 的顺序控制，保证只有主轴电动机 M1 启动后冷却泵电动机 M2 才能启动运转，提供切削液。

当主轴电动机 M1 启动，KM 的辅助常开触点闭合后，合上旋钮开关 SB4，中间继电器 KA1 吸合，KA1 的常开触点闭合，冷却泵电动机 M2 启动运转。当 M1 停止运转或断开旋钮开关SB4时，M2停止运转。

三、车床冷却泵电动机的启停操作

冷却泵电动机旋钮开关如图1-3-2所示，转动旋钮开关SB4至“ON”位置，冷却泵电动机启动；转动旋钮开关SB4至“OFF”位置，冷却泵电动机停止，见表1-3-2。

图1-3-2 冷却泵电动机旋钮开关

表1-3-2 车床冷却泵电动机的启停操作

序号	操作内容	观察内容	正常结果
1	转动SB4至“ON”位置	中间继电器KA1	吸合
		冷却泵电动机M2	运转
		切削液管	切削液流出
2	转动SB4至“OFF”位置	中间继电器KA1	释放
		冷却泵电动机M2	停转
		切削液管	切削液停止流出

四、车床冷却泵电动机控制线路的常见故障及其排除方法（见表1-3-3）

表1-3-3 车床冷却泵电动机控制线路的常见故障及其排除方法

故障现象	主要故障点	检修排除方法
M2不能启动	SB4接触不良	修复或更换SB4
	SB4的9#、10#接线脱落	接好脱落线
M2运行中突然停车	KH2常闭触点断开	查找过载原因，使触点恢复闭合

五、车床冷却泵不能启动故障的检修流程（见图1-3-3）

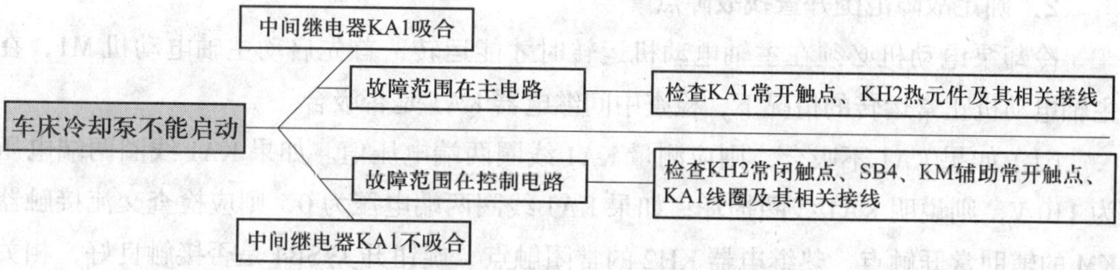

图1-3-3 车床冷却泵不能启动故障的检修流程

任务实施

一、准备工具和材料

按表 1-3-4 准备所需工具和材料。

表 1-3-4　工具、材料清单

工具	电工通用工具（1套）、专用工具（如手电钻、压线钳、各种扳手等）				
仪表	ZC25-3 型兆欧表（500 V）、MG3-1 型钳形电流表、MF47 型万用表				
资料	任务单、出厂资料、维修档案、施工图纸、维修计划模板、维修记录模板、电工安全操作规程、电工手册、电气装置安装工程施工及验收规范等				
材料	导线、控制器件、保护器件、线槽、绝缘材料、劳保用品、安全警示牌、警戒围栏				
器材	代号	名称	型号	规格	数量
	M2	冷却泵电动机	AOB-25	90 W、3 000 r/min	1
	KH2	热继电器	JR36-20/3D	0.32 A	1
	KM	交流接触器	CJ10-20	线圈电压 110 V	1
	KA1	中间继电器	JZ7-44	线圈电压 110 V	1
	SB1	急停按钮	LAY3-01ZS/1	—	1
	SB2	启动按钮	LAY3-10/3	—	1
	SB4	旋钮开关	LAY3-10X/20	—	1
	TC	控制变压器	JBK2-100	380 V/110 V、24 V、6 V	1

二、检修故障

1. 观察故障现象

车床通电后，按下启动按钮 SB2，主轴电动机 M1 启动运转后，再转动旋钮开关 SB4，冷却泵电动机 M2 不能启动。

2. 确定故障范围并查找故障点

冷却泵电动机必须在主轴电动机运转时才能运转，首先启动主轴电动机 M1，在主轴电动机正常运转的情况下，检查中间继电器 KA1 是否吸合。

（1）如果 KA1 不吸合，则应测量 KA1 线圈两端电压值。如果 KA1 线圈两端电压为 110 V，则说明 KA1 线圈损坏；如果 KA1 线圈两端电压为 0，则应检查交流接触器 KM 的辅助常开触点、热继电器 KH2 的常闭触点、旋钮开关 SB4 是否接触良好，相关接线是否连接好。

（2）如果 KA1 吸合，则应检查冷却泵电动机 M2 的进线电压有无断相，电压值是否正常。如果电压正常，则说明冷却泵电动机有问题；如果电压不正常，则应检查热继电器 KH2 的热元件是否烧坏、中间继电器 KA1 的常开触点是否接触不良、熔断器 FU1 是否熔断、相关接线是否脱落。

3. 排除故障

（1）在有故障的车床上或人为设置自然故障点的车床上，由教师进行示范检修，边分析边检查，直至故障排除。

（2）由教师设置已知故障点，在教师指导下从故障现象着手进行分析，采用正确的检查步骤和检修方法进行检修。

任务 4 CA6140 型卧式车床电气控制线路综合故障维修

学习目标

1. 熟悉 CA6140 型卧式车床的运动形式及控制要求。
2. 掌握 CA6140 型卧式车床电气控制线路的工作原理。
3. 熟悉 CA6140 型卧式车床电气控制线路的常见故障及其排除方法。
4. 掌握 CA6140 型卧式车床电气控制线路常见故障的检修流程，能正确排除故障。

任务引入

在生产过程中，由于电器元件老化、损坏或操作不当等原因，某加工工厂生产车间的 CA6140 型卧式车床无法正常运行，需要由电气维修人员对设备进行故障诊断，确定故障类型，分析故障原因，查找故障点，并排除故障，以恢复设备的正常使用性能。CA6140 型卧式车床电气控制线路如图 1-4-1 所示。

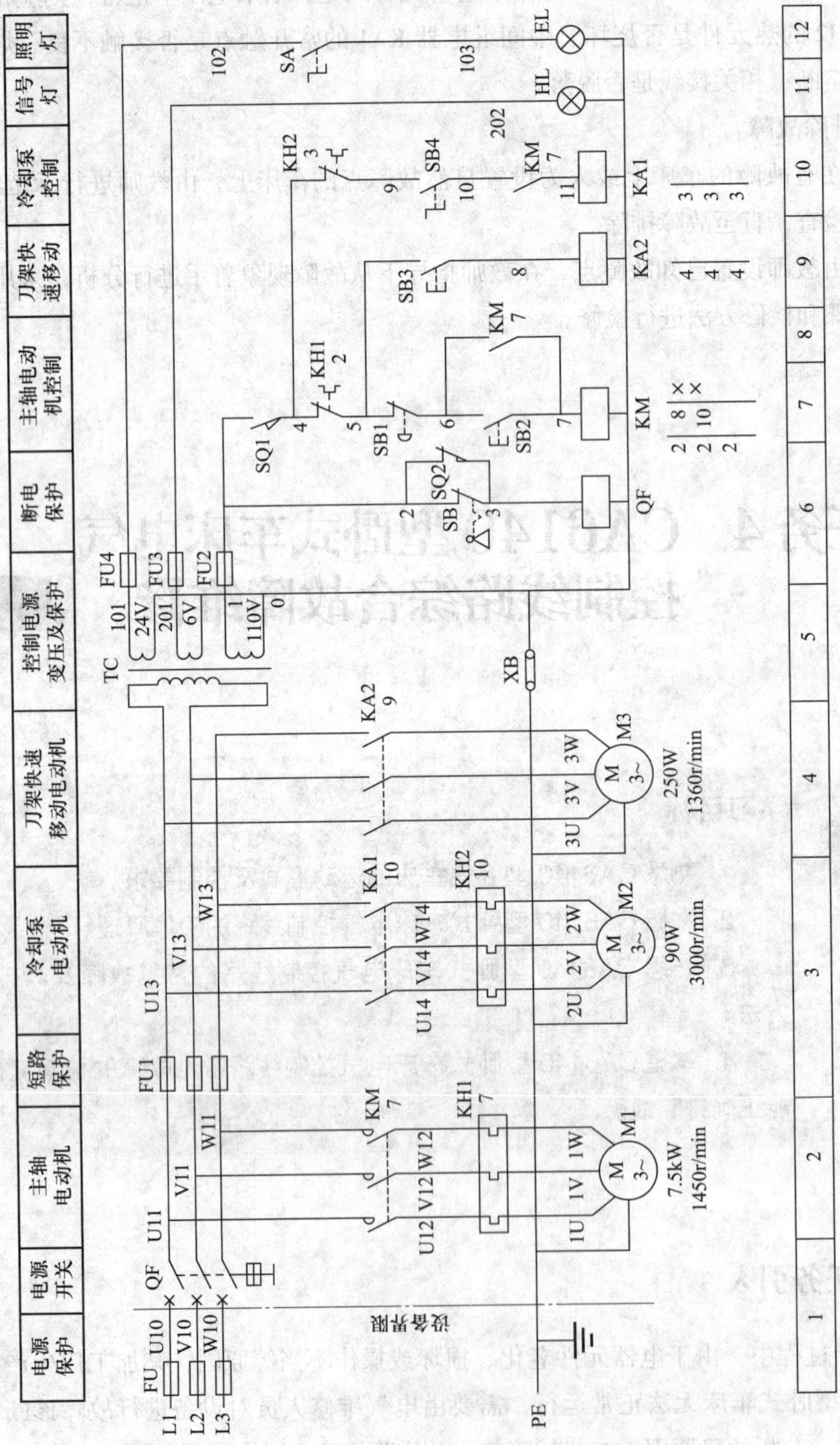

图 1-4-1　CA6140 型卧式车床电气控制线路

相关知识

一、CA6140 型卧式车床的主要运动形式及控制要求

CA6140 型卧式车床的主要运动形式如图 1–4–2 所示，其控制要求见表 1–4–1。

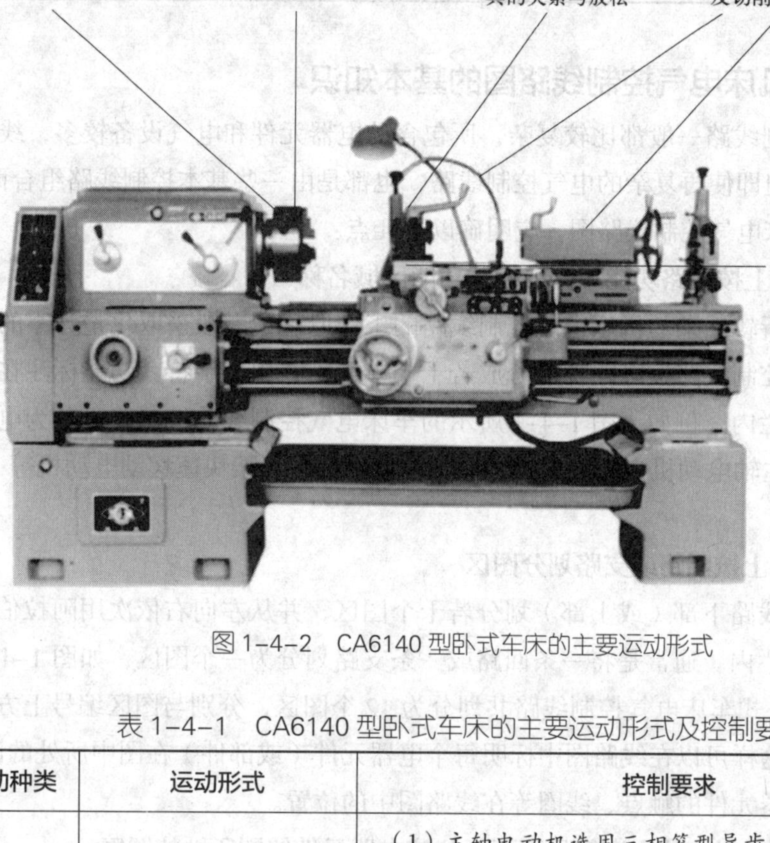

图 1–4–2 CA6140 型卧式车床的主要运动形式

表 1–4–1 CA6140 型卧式车床的主要运动形式及控制要求

运动种类	运动形式	控制要求
主运动	主轴通过卡盘和顶尖带动工件做旋转运动	（1）主轴电动机选用三相笼型异步电动机，不进行电气调速，主轴采用齿轮箱进行机械有级调速 （2）车削螺纹时要求主轴能正反转，一般由机械方法实现，主轴电动机只做单向旋转 （3）主轴电动机容量不大，可采用直接启动
进给运动	刀架带动刀具纵向和横向做直线运动	由主轴电动机拖动，其动力通过挂轮架传递给进给箱，从而实现刀具的纵向和横向进给。加工螺纹时，要求刀具的移动和主轴的转动有固定的比例关系
辅助运动	刀架的快速移动	由刀架快速移动电动机拖动，此电动机采用直接启动，不需要正反转和调速

续表

运动种类	运动形式	控制要求
辅助运动	尾座的纵向移动	由手动操作控制
	工件及刀具的夹紧与松开	由手动操作控制
	加工过程的冷却	冷却泵电动机和主轴电动机要实现顺序控制，主轴电动机启动后，冷却泵电动机才能启动。冷却泵电动机不需要正反转和调速

二、识读机床电气控制线路图的基本知识

机床电气控制线路一般都比较复杂，所包含的电器元件和电气设备较多，线路中的符号也较多，但即使再复杂的电气控制线路，也都是由一些基本控制线路组合而成，因此，要识读机床电气控制线路图，应明确以下几点：

1．在线路图上按电路功能划分并标注功能区域名称

为了便于分析较复杂的机床电气控制线路的工作原理，一般采取化整为零的分析方法，即将电气控制线路按电路功能分成若干个单元，并用文字将其功能标注在电气控制线路上部的栏内。例如，图 1–4–1 所示的车床电气控制线路按功能可分为电源保护、电源开关、主轴电动机、短路保护、冷却泵电动机、刀架快速移动电动机等 13 个单元。

2．在线路图上按回路或支路划分图区

在电气控制线路下部（或上部）划分若干个图区，并从左向右依次用阿拉伯数字编号标注在图区栏内。通常是将一条回路或一条支路划分为一个图区，如图 1–4–1 所示的 CA6140 型卧式车床电气控制线路共划分为 12 个图区，分别与图区编号上方的电气回路相对应，这样可以在线路图中标明每个电器元件（或部件）在图中所处的区域，以便迅速查找电器元件的触点、线圈等在线路图中的位置。

3．在电器元件触点的文字符号下面标注该电器元件线圈所处的图区

电气控制线路中，在每个电器元件触点的文字符号下面用数字表示该电器元件线圈所处的图区号。如图 1–4–1 所示电气控制线路中，图区 4 中的“$\frac{KA2}{9}$”，表示中间继电器 KA2 的线圈在图区 9，这样看到触点就能迅速找到对应的线圈。

4．在电器元件线圈的文字符号下面标注该电器元件触点所处的图区

电气控制线路中，在每个接触器线圈下方画出两条竖直线，分成左、中、右三栏，每个继电器线圈下方画出一条竖直线，分成左、右两栏。把受其线圈控制而动作的触点所处的图区号填入相应的栏内，对备而未用的触点，在相应的栏内用记号“×”标出或不标任何符号，见表 1–4–2 和表 1–4–3。

表 1–4–2 接触器触点在电气控制线路图中位置的标记

栏目	左栏	中栏	右栏
触点类型	主触点所处的图区号	辅助常开触点所处的图区号	辅助常闭触点所处的图区号
举例 KM 2 8 × 2 10 × 2	表示 3 对主触点均在图区 2	表示一对辅助常开触点在图区 8，另一对辅助常开触点在图区 10	表示 2 对辅助常闭触点未用

表 1–4–3 继电器触点在电气控制线路图中位置的标记

栏目	左栏	右栏
触点类型	常开触点所处的图区号	常闭触点所处的图区号
举例 KA2 4 4 4	表示 3 对常开触点均在图区 4	表示常闭触点未用

三、CA6140 型卧式车床电气控制线路工作原理分析

CA6140 型卧式车床电气控制线路如图 1–4–1 所示，该线路分为主电路、控制电路和信号与照明电路三部分。

1. 主电路分析

主电路的电源由外部三相电源提供。将钥匙开关 SB 向右旋转，然后扳动低压断路器 QF（作为总电源开关）使其触点闭合，引入三相电源。

主电路中有三台电动机：M1 为主轴电动机，带动主轴旋转和刀架做进给运动，由接触器 KM 控制，并作失、欠压保护，热继电器 KH1 作过载保护，熔断器 FU 和低压断路器 QF 作短路保护；M2 为冷却泵电动机，在加工时输送切削液，由中间继电器 KA1 控制，热继电器 KH2 作过载保护；M3 为刀架快速移动电动机，拖动刀架快速移动，由中间继电器 KA2 控制。熔断器 FU1 为 M2、M3 和控制变压器 TC 作短路保护。

2. 控制电路分析

（1）控制电路的电源由控制变压器 TC 二次侧输出 110 V 交流电压提供，由熔断器 FU2 作短路保护。

（2）主轴电动机 M1 的控制

M1 启动：按下启动按钮 SB2 控制接触器 KM 线圈得电实现。

M1 停止：按下急停按钮 SB1 控制接触器 KM 线圈失电实现。

（3）冷却泵电动机 M2 的控制

M2 启动：当 M1 启动后，合上旋钮开关 SB4，M2 启动运转。

M2 停止：当 M1 停止运转或断开旋钮开关 SB4 后，M2 停止运转。

（4）刀架快速移动电动机 M3 的控制

M3 启动：按下进给操作手柄顶端的按钮 SB3，M3 启动运转。

M3 停止：松开进给操作手柄顶端的按钮 SB3，M3 停止运转。

刀架前、后、左、右移动方向由进给操作手柄配合机械装置来实现。

3. 信号与照明电路分析

信号电路电源由 TC 二次侧输出 6 V 电压提供。照明电路电源由 TC 二次侧输出 24 V 电压提供。

信号灯 HL 由熔断器 FU3 作短路保护。照明灯 EL 由开关 SA 控制，熔断器 FU4 作短路保护。

四、CA6140 型卧式车床电气控制线路的常见故障及其排除方法（见表 1–4–4）

表 1–4–4 CA6140 型卧式车床电气控制线路的常见故障及其排除方法

故障现象	主要故障点	检修排除方法
M1 不能启动	参见表 1–1–4	
M1 不能自锁		
M1 不能停车		
M1 运行中突然停车		
M2 不能启动	参见表 1–3–3	
M2 运行中突然停车		
M3 不能启动	参见表 1–2–3	
HL 不亮	FU3 熔断	更换同型号熔体
	信号灯泡烧坏	更换信号灯泡
	信号灯泡与灯座接触不良	修复或更换

续表

故障现象	主要故障点	检修排除方法
HL 不亮	FU1 熔断	更换同型号熔体
	控制变压器 TC 损坏	修复或更换 TC
EL 不亮	照明灯泡烧坏	更换照明灯泡
	FU4 熔断	更换同型号熔体
	FU1 熔断	更换同型号熔体
	控制变压器 TC 损坏	修复或更换 TC

五、CA6140 型卧式车床电气控制线路常见故障的检修流程

1. 故障一：按下启动按钮 SB2，主轴电动机 M1 不能启动

检修流程见本课题任务 1。

2. 故障二：按下启动按钮 SB2，主轴电动机 M1 能启动，但不能自锁，或工作中突然停车

检修流程如图 1-4-3 所示。

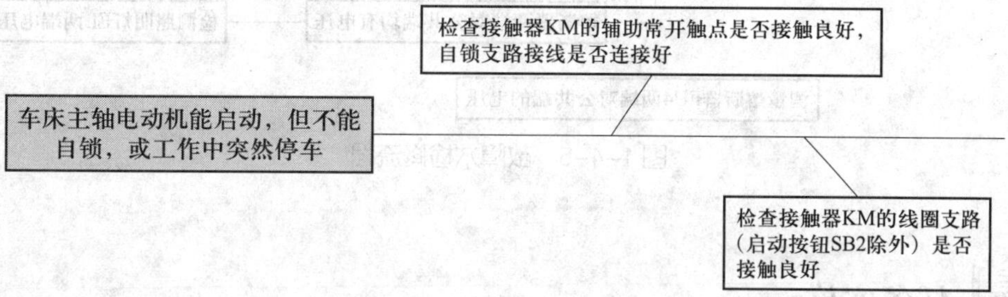

图 1-4-3 故障二检修流程

3. 故障三：转动旋钮开关 SB4，冷却泵电动机 M2 不能启动

检修流程见本课题任务 3。

4. 故障四：按下按钮 SB3，刀架快速移动电动机 M3 不能启动

检修流程见本课题任务 2。

5. 故障五：合上总电源开关 QF，信号灯 HL 不亮

检修流程如图 1-4-4 所示。

6. 故障六：合上总电源开关 QF，信号灯 HL 亮；合上照明灯开关 SA，照明灯 EL 不亮

检修流程如图 1-4-5 所示。

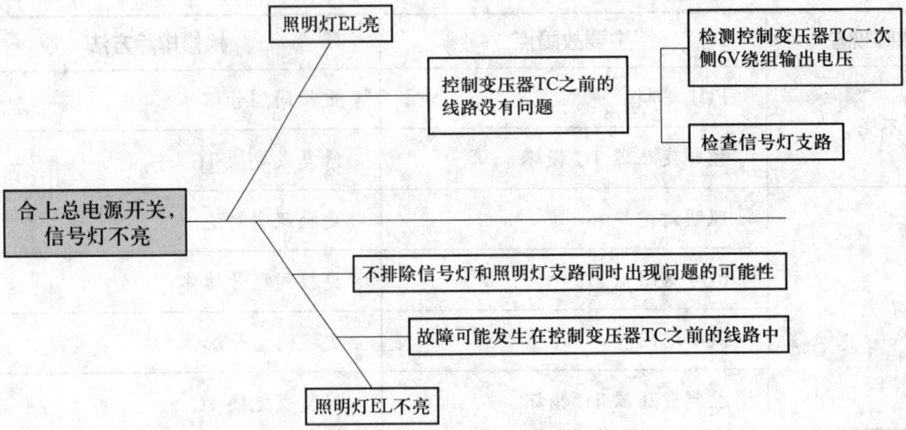

图 1-4-4　故障五检修流程

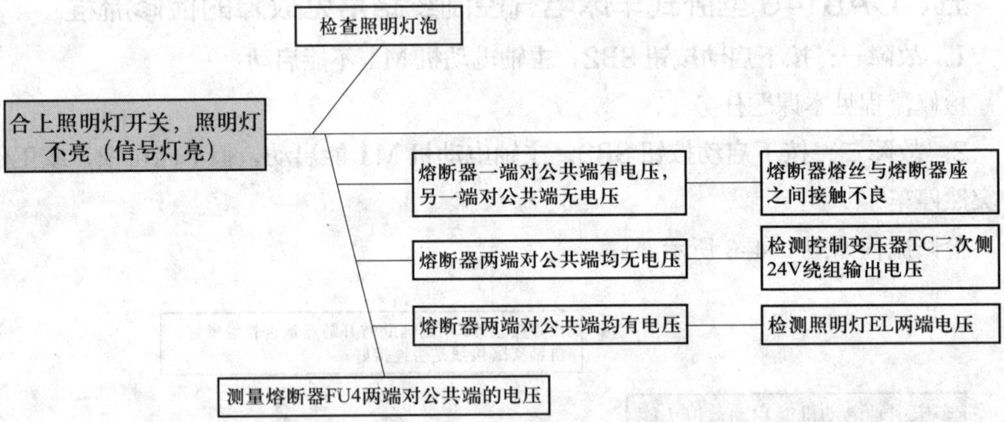

图 1-4-5　故障六检修流程

任务实施

一、准备工具和材料

按表 1-4-5 准备所需工具和材料。

表 1-4-5　工具、材料清单

工具	电工通用工具（1 套）、专用工具（如手电钻、压线钳、各种扳手等）
仪表	ZC25-3 型兆欧表（500 V）、MG3-1 型钳形电流表、MF47 型万用表
资料	任务单、出厂资料、维修档案、施工图纸、维修计划模板、维修记录模板、电工安全操作规程、电工手册、电气装置安装工程施工及验收规范等

续表

材料	导线、控制器件、保护器件、线槽、线管、绝缘材料、劳保用品、安全警示牌、警戒围栏				
器材	代号	名称	型号	规格	数量
	KH1	热继电器	JR36-20/3D	15.4 A	1
	KH2	热继电器	JR36-20/3D	0.32 A	1
	KM	交流接触器	CJ10-20	线圈电压 110 V	1
	KA1	中间继电器	JZ7-44	线圈电压 110 V	1
	KA2	中间继电器	JZ7-44	线圈电压 110 V	1
	SB1	急停按钮	LAY3-01ZS/1	—	1
	SB2	启动按钮	LAY3-10/3	—	1
	SB3	按钮	LA9	—	1
	SB4	旋钮开关	LAY3-10X/20	—	1
	SQ1、SQ2	行程开关	JWM6-11	—	2
	HL	信号灯	ZSD-0	6 V	1
	EL	照明灯	JC11	24 V	1
	FU1	熔断器	BZ001	熔体 6 A	3
	FU2	熔断器	BZ001	熔体 1 A	1
	FU3	熔断器	BZ001	熔体 1 A	1
	FU4	熔断器	BZ001	熔体 2 A	1
	QF	低压断路器	AM2-40	20 A	1
	TC	控制变压器	JBK2-100	380 V/110 V、24 V、6 V	1
		主电路塑铜线	—	BV 1.5 mm^2，BVR 1.5 mm^2	若干
		控制电路塑铜线	—	BV 1.0 mm^2	若干
		按钮塑铜线	—	BVR 0.75 mm^2	若干

二、检修故障

1. 故障一

（1）观察故障现象：按下启动按钮 SB2，主轴电动机 M1 不能启动。

（2）确定故障范围、查找故障点和排除故障方法见本课题任务 1。

2. 故障二

（1）观察故障现象：按下启动按钮 SB2，主轴电动机 M1 能启动，但不能自锁，或工作中突然停车。

（2）确定故障范围并查找故障点

1）检查接触器 KM 的辅助常开触点是否接触良好，自锁支路接线是否连接好。如果接触不良或接线脱落，按下启动按钮 SB2 后，接触器 KM 吸合，主轴电动机 M1 启动，但是一旦松开启动按钮 SB2，由于接触器 KM 的自锁支路有问题而不能自锁，接触器 KM 立即释放，主轴电动机 M1 停转；或者主轴电动机 M1 启动时，接触器 KM 的自锁支路起作用，能够自锁，但是由于自锁支路接触不良，在工作中瞬间断开一下，也会使接触器 KM 释放而导致主轴电动机 M1 停转。

2）检查接触器 KM 的线圈支路是否接触良好（启动按钮 SB2 除外）。如果 KM 线圈支路的任何位置接触不良，都可能导致主轴电动机 M1 运行中突然停车。

3. 故障三

（1）观察故障现象：转动旋钮开关 SB4，冷却泵电动机 M2 不能启动。

（2）确定故障范围、查找故障点和排除故障方法见本课题任务 3。

4. 故障四

（1）观察故障现象：按下按钮 SB3，刀架快速移动电动机 M3 不能启动。

（2）确定故障范围、查找故障点和排除故障方法见本课题任务 2。

5. 故障五

（1）观察故障现象：合上总电源开关 QF，信号灯 HL 不亮。

（2）确定故障范围并查找故障点

1）如果合上开关 SA，照明灯 EL 亮，则说明控制变压器 TC 之前的线路没有问题。首先，检查熔断器 FU3 是否熔断、信号灯泡是否烧坏、灯泡与灯座是否接触良好；如果没有上述问题，则应检测控制变压器 TC 二次侧 6 V 绕组输出电压是否正常，可以使用万用表交流电压 10 V 挡或 6 V 试灯，从信号灯的灯座测量到控制变压器 TC 二次侧的 6 V 绕组输出接线端，或者从控制变压器 TC 二次侧的 6 V 绕组输出接线端测量到信号灯的灯座，通过电压测量法确定是线路有问题，还是控制变压器 TC 二次侧的 6 V 绕组有问题，或是某处存在接触不良的问题。

2）如果合上开关 SA，照明灯 EL 不亮，则故障可能发生在控制变压器 TC 之前的线路中。当然，也不排除信号灯和照明灯支路同时出现问题的可能性。但是发生这种情况的概率很小，一般应先从控制变压器 TC 之前的线路查起。

首先，检查熔断器 FU1 是否熔断；如果没有问题，可以使用万用表交流电压 500 V 挡检测总电源开关 QF 输出接线端 U11、V11 之间的电压是否正常。如果 U11、V11 之间的电压不正常，则应再测量总电源开关 QF 输入电压，从而判断是输入电压有问题，还是总电源开关 QF 接触不良或损坏的问题；如果 U11、V11 之间的电压正常，则应再检测控制变压器 TC 一次侧输入电压是否正常。如果控制变压器 TC 一次侧输入电压不正常，则应继续检查总电源开关 QF 输出接线端到控制变压器 TC 一次侧输入接线端之间的接线是否连接好；如果控制变压器 TC 一次侧输入电压正常，则应继续检测控制变压器 TC 二次侧的 6 V 绕组输出电压是否正常。如果 6 V 绕组输出电压不正常，则说明控制变压器 TC 有问题；如果 6 V 绕组输出电压正常，则说明信号灯和照明灯支路同时出现问题，可继续进行检查，直至查出故障点。

6. 故障六

（1）观察故障现象：合上总电源开关 QF，信号灯 HL 亮；合上照明灯开关 SA，照明灯 EL 不亮。

（2）确定故障范围并查找故障点：检查照明灯泡是否烧坏，测量熔断器 FU4 两端对公共端的电压。

1）如果熔断器 FU4 一端对公共端电压不为 0，另一端对公共端电压为 0，则说明熔断器熔丝与熔断器座之间接触不良。

2）如果熔断器 FU4 两端对公共端电压均为 0，则应再检测控制变压器 TC 二次侧的 24 V 绕组输出电压是否正常。如果 24 V 绕组输出电压正常，则说明控制变压器 TC 到熔断器 FU4 之间的接线有问题；如果 24 V 绕组输出电压不正常，则说明控制变压器 TC 二次侧的 24 V 绕组有问题。

3）如果熔断器 FU4 两端对公共端电压均不为 0，则应再测量照明灯 EL 两端的电压。如果照明灯 EL 两端电压不为 0，则说明照明灯泡与灯座之间接触不良；如果照明灯 EL 两端电压为 0，则应继续测量开关 SA 两端的电压，从而判断是接线有问题，还是开关 SA 有问题。

在掌握 CA6140 型卧式车床电气控制线路常见故障的检修流程和方法后，由教师根据实际情况设置综合故障点，在教师指导下从故障现象着手进行分析，采用正确的检查步骤和检修方法自行独立进行检修，并做好维修记录。

拓展学习

CA6140 型卧式车床的调试

一、试车前的检查

1. 使用绝缘电阻表对电气控制线路进行测试，检查电器元件和导线绝缘是否良好，相间或相线与底板之间有无短路现象。

2. 使用绝缘电阻表分别对所有电动机及电动机引线进行对地绝缘测试，检查对地有无短路现象；断开电动机三相绕组间的接头，检查电动机引线相间绝缘是否良好，相间有无短路现象。

3. 用手转动电动机轴，观察电动机转动是否灵活，有无噪声及卡住现象。

4. 断开交流接触器下接线端子的电动机引线，接上启动按钮和停止按钮，在电气柜电源进线端接通三相额定电压。按下启动按钮，观察交流接触器是否吸合、松开启动按钮后能否继续保持吸合。然后用万用表交流电压 500 V 挡测量交流接触器下接线端的三相额定电压，并检查是否缺相。如果交流接触器下接线端的三相额定电压正常，则按下停止按钮，观察交流接触器能否断开。上述动作正常后，断开总电源，将交流接触器下接线端子和电动机引线复原。

二、试车

1. 合上总电源开关，接通车床电源。

2. 左手手指触摸启动按钮，右手手指触摸停止按钮。左手按下启动按钮，主轴电动机启动运转后，细听电动机有无异常声音，并观察其转向是否正确。如果有异常声音或转向不正确，应立即按下停止按钮，使电动机断电。断电后，电动机依靠惯性仍在转动，此时，应继续细听有无异常声音。若仍有异常声音，则可判断是电动机机械部分故障；若无异常声音，则可判断是电动机电气部分故障。如果电动机有噪声，也应对电动机进行检修。如果电动机反转，则可打开接线盒，将电动机电源进线中的任意两相对调即可排除故障。

再次启动电动机前，应使用钳形电流表夹住电动机三根引线的其中一根引线，测量电动机的启动电流。电动机的启动电流一般是额定电流的 5 ~ 7 倍，测量时钳形电流表的量程应选择启动电流的 1.2 ~ 1.5 倍，否则容易损坏钳形电流表，或造成测量数据不准确。

电动机正常运转后，使用钳形电流表依次夹住电动机的三根引线，分别测量电动机的各相电流，检查各相电流是否平衡，空载和有负载时电流是否超过额定值。

如果各相电流正常，保持电动机运行 30 min，运行中应经常测试电动机的外壳温度，检查长时间运行中的温升是否太高或太快。

三、调试前的准备

1. 图样、资料准备

准备好 CA6140 型卧式车床的图样和安装、使用、维修、调试说明书。

2. 工具、仪表准备

准备好电工工具、绝缘电阻表、万用表和钳形电流表。

3. 电器元件检查

（1）检测电动机 M1、M2、M3 绕组间、对地绝缘电阻值是否大于 0.5 MΩ，否则应进行浸漆烘干处理；检测线路对地电阻值是否大于 3 MΩ。检查电动机转动是否灵活，轴承有无缺油等。

（2）检查低压断路器、熔断器与电器元件明细表是否一致，热继电器整定是否合理。

（3）检查主电路、控制电路的电器元件是否完好、动作是否灵活，有无接错、掉线、漏接或螺钉松动现象，接地系统是否可靠。

四、控制电路调试

将电动机 M1、M2、M3 接线端的接线断开，并包好绝缘。

1. 合上低压断路器 QF，检测熔断器 FU1 前后的电压应为 380 V，控制变压器 TC 一次侧和二次侧电压应分别为 380 V 和 24 V、6 V、110 V，熔断器 FU2、FU3 和 FU4 之后的电压应分别为 110 V、6 V、24 V，信号灯 HL 应亮起。

2. 按下启动按钮 SB2，接触器 KM 应吸合，检测 1U、1V 和 1W 之间的电压应为 380 V；按下急停按钮 SB1，接触器 KM 应释放，检测 1U、1V 和 1W 之间的电压应为 0；接触器应无异常响声。

3. 采用上述同样的方法，按下按钮 SB3，调试中间继电器 KA2 并测量 3U、3V、3W 之间的电压。

4. 采用上述同样的方法，按下启动按钮 SB2，转动旋钮开关 SB4，调试中间继电器 KA1 并测量 2U、2V、2W 之间的电压。

5. 断开热继电器 KH1 的常闭触点，上述第 2 ~ 4 项动作应不能进行，KM、KA1、KA2 也应不吸合。

6. 合上开关 SA，照明灯 EL 应亮起。

五、主电路调试

1. 断开机械负载，分别连接电动机与对应端子之间的接线，按控制电路调试中第 2 ~ 6 项的顺序，依次对主轴电动机 M1、冷却泵电动机 M2 和刀架快速移动电动机 M3 进行调试。

（1）观察电动机转向应与工艺要求相同，检测电动机空载电流应正常。

（2）经过一段时间试运行，电动机应无异常响声、异味、冒烟、振动和温升过高等异常现象。

2. 加上机械负载，采用上述同样的方法进行调试，观察电动机应能根据工艺要求而动作；按最大切削负载运转，测量电动机电流应未超过额定值；再按上述第（2）项中的内容检查电动机。

以上各项调试完毕，全部合格才能验收，交付使用。

课题二
M7130 型平面磨床电气控制线路维修

任务 1　M7130 型平面磨床砂轮电动机不能启动故障维修

学习目标

1. 熟悉 M7130 型平面磨床的主要结构及型号含义。
2. 熟悉磨床砂轮电动机的运动形式及控制要求。
3. 掌握磨床砂轮电动机控制线路的工作原理。
4. 熟悉磨床砂轮电动机控制线路的常见故障及其排除方法。
5. 掌握磨床砂轮电动机不能启动故障的检修流程，能正确排除故障。

任务引入

某加工厂生产车间的 M7130 型平面磨床通电后砂轮电动机不能启动，经维修班组长初步检查，判断为电气故障，需要对该设备控制线路进行检修。M7130 型平面磨床砂轮电动机控制线路如图 2-1-1 所示。

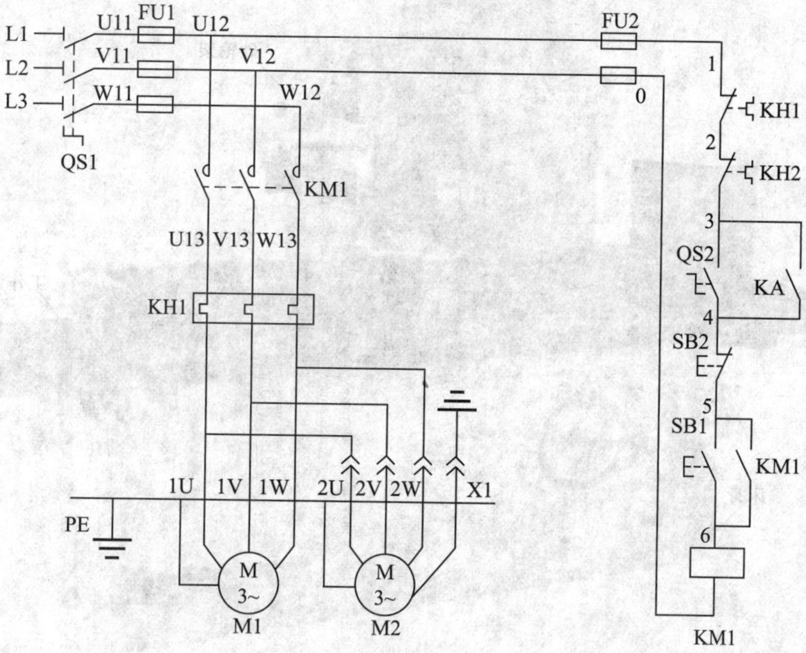

图 2-1-1　M7130 型平面磨床砂轮电动机控制线路

相关知识

一、认识 M7130 型平面磨床

M7130 型平面磨床用于磨削各种工件的平面，是磨床中使用较广泛的一种机床，该磨床操作方便，磨削精度和光洁度较高，适用于磨削精密零件和各种工具，并可做镜面磨削。

1. M7130 型平面磨床的主要结构

M7130 型平面磨床是卧轴矩形工作台式，其外形及结构如图 2-1-2 所示，主要由床身、工作台、电磁吸盘、砂轮架（又称磨头）、滑座和立柱等部分组成。

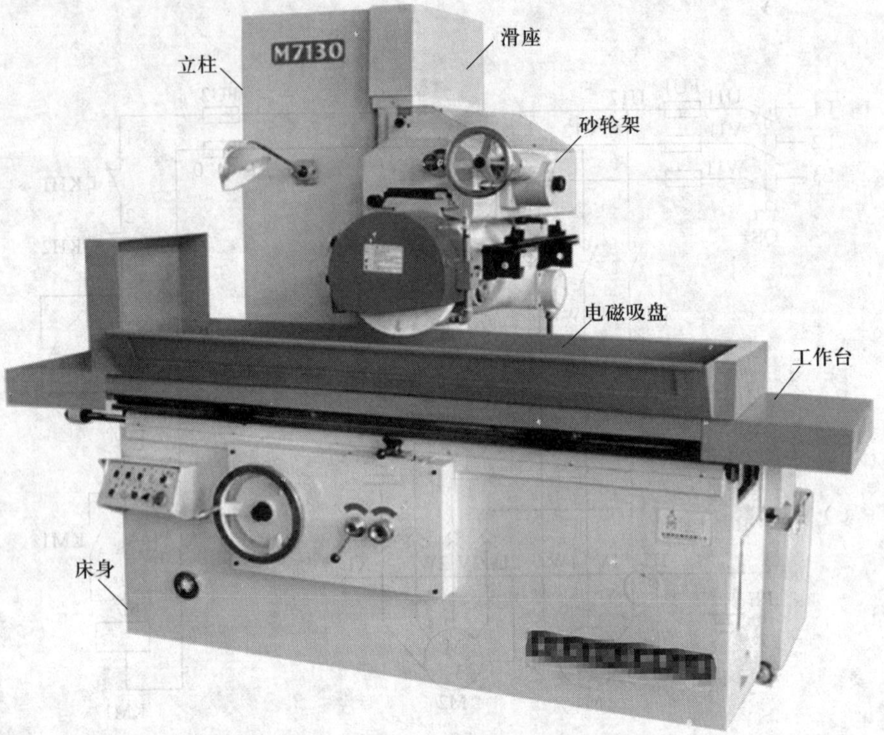

图 2–1–2　M7130 型平面磨床的外形及结构

2. M7130 型平面磨床的型号含义（见图 2–1–3）

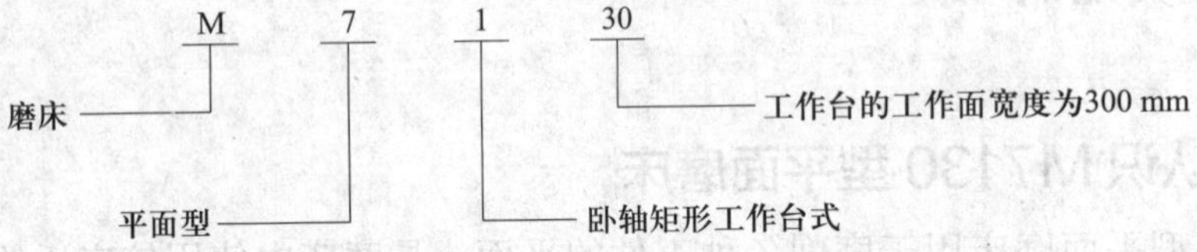

图 2–1–3　M7130 型平面磨床的型号含义

二、磨床砂轮电动机的运动形式及控制要求（见表 2–1–1）

表 2–1–1　磨床砂轮电动机的运动形式及控制要求

运动种类	运动形式	控制要求
主运动	砂轮的旋转运动	（1）采用两极笼型异步电动机 （2）采用装入式电动机，将砂轮直接装到电动机轴上 （3）采用直接启动，无调速和制动要求

三、磨床砂轮电动机控制线路的工作原理

M7130 型平面磨床砂轮电动机控制线路如图 2–1–1 所示。

三相电源由电源开关 QS1 引入。砂轮电动机 M1 由接触器 KM1 控制，并作失、欠压保护，热继电器 KH1 作过载保护，熔断器 FU1 作短路保护。由于冷却泵箱和床身是分装的，因此，冷却泵电动机 M2 通过插接器 X1 和砂轮电动机 M1 的电源线相连，并和 M1 在主电路中实现顺序控制。冷却泵电动机的容量较小，没有单独设置过载保护。

控制电路采用 380 V 交流电压供电，由熔断器 FU2 作短路保护。砂轮电动机 M1 采用接触器自锁正转控制线路。在控制电路中，串接着转换开关 QS2 的常开触点（3–4）和欠电流继电器 KA 的常开触点（3–4），因此，砂轮电动机启动的必要条件是使 QS2 或 KA 的常开触点闭合。

M1 启动：按下启动按钮 SB1 控制 KM1 线圈得电实现。

M1 停止：按下停止按钮 SB2 控制 KM1 线圈失电实现。

四、磨床砂轮电动机控制线路的常见故障及其排除方法（见表 2–1–2）

表 2–1–2　磨床砂轮电动机控制线路的常见故障及其排除方法

故障现象	主要故障点	检修排除方法
M1 不能启动	QS1 接触不良或损坏	修复或更换 QS1
	FU1、FU2 熔断	更换同型号熔体，并检查熔断原因
	KH1、KH2 常闭触点接触不良或过载脱扣	修复或更换 KH1、KH2，并检查过载脱扣原因
	KM1 线圈损坏、主触点接触不良或损坏	修复或更换 KM1
	SB1、SB2 接触不良或损坏	修复或更换 SB1、SB2
	QS2 和 KA 的常开触点未闭合	检查电磁吸盘控制线路，并修复故障
	M1 本身故障	修复或更换 M1

五、磨床砂轮电动机不能启动故障的检修流程（见图 2–1–4）

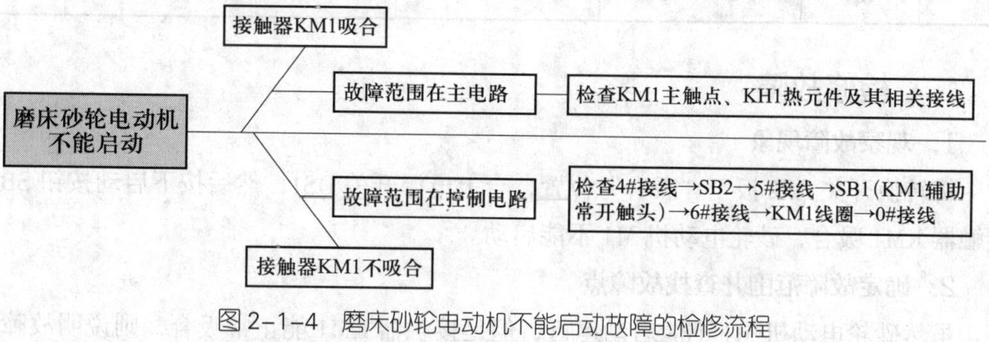

图 2–1–4　磨床砂轮电动机不能启动故障的检修流程

任务实施

一、准备工具和材料

按表 2–1–3 准备所需工具和材料。

表 2–1–3　工具、材料清单

工具	电工通用工具（1 套）、专用工具（如手电钻、压线钳、各种扳手等）				
仪表	ZC25–3 型兆欧表（500 V）、MG3–1 型钳形电流表、MF47 型万用表				
资料	任务单、出厂资料、维修档案、施工图纸、维修计划模板、维修记录模板、电工安全操作规程、电工手册、电气装置安装工程施工及验收规范等				
材料	导线、控制器件、保护器件、线槽、线管、绝缘材料、劳保用品、安全警示牌、警戒围栏				
器材	代号	名称	型号	规格	数量
	QS1	电源开关	HZ1–25/3	—	1
	QS2	转换开关	HZ1–10P/3	—	1
	FU1	熔断器	RL1–60/30	60 A、熔体 30 A	3
	FU2	熔断器	RL1–15/5	15 A、熔体 5 A	2
	KM1	接触器	CJ10–10	线圈电压 380 V	1
	KH1	热继电器	JR10–10	整定电流 9.5 A	1
	KH2	热继电器	JR10–10	整定电流 6.1 A	1
	SB1	按钮	LA2	绿色	1
	SB2	按钮	LA2	红色	1
	KA	欠电流继电器	JT3–11L	1.5 A	1

二、检修故障

1. 观察故障现象

将转换开关 QS2 扳至“吸合”位置，合上电源开关 QS1，然后按下启动按钮 SB1，接触器 KM1 吸合，砂轮电动机 M1 不能启动。

2. 确定故障范围并查找故障点

虽然砂轮电动机 M1 不能启动运行，但是接触器 KM1 能正常吸合，则说明故障发生在主电路中。

（1）断开电源开关 QS1，拔下插接器 X1，拆下砂轮电动机 M1 三相定子绕组中的任意两相接线端，并做好绝缘处理。

（2）合上电源开关 QS1，按下启动按钮 SB1，接触器 KM1 线圈得电，KM1 主触点闭合。将校验灯（380 V）的一端（假设为 1 脚）引线连接熔断器 FU1 的 U12 接点并保持不变，校验灯的另一端（假设为 2 脚）引线连接 KM1 主触点的 V12 接点，若校验灯亮起，正常；若校验灯不亮，则说明故障为 FU1 与 KM1 主触点之间的 V12# 接线脱落或断开。

（3）将校验灯的 2 脚引线连接 KM1 主触点的 V13 接点，若校验灯亮起，正常；若校验灯不亮，则说明故障为 KM1 主触点接触不良。

（4）将校验灯的 2 脚引线连接 KH1 热元件的 V13 接点，若校验灯亮起，正常；若校验灯不亮，则说明故障为 KH1 热元件与 KM1 主触点之间的 V13# 接线脱落或断开。

（5）将校验灯的 2 脚引线连接 KH1 热元件的 1V 接点，若校验灯亮起，正常；若校验灯不亮，则说明故障为 KH1 热元件断路。

（6）将校验灯的 2 脚引线连接砂轮电动机 M1 的 1V 相绕组的接线端子，若校验灯亮起，正常；若校验灯不亮，则说明故障为 KH1 热元件与 M1 的 1V 相绕组之间的接线脱落或断开。

（7）采用上述同样的方法，查找电动机 M1 的 W 相支路中的故障点。

（8）将校验灯的 1 脚引线连接 FU1 的 V12 接点并保持不变，用校验灯的 2 脚依次检测电动机 M1 的 U 相支路中的各点，根据灯的发光情况判断故障点。

3. 排除故障

（1）在有故障的磨床上或人为设置自然故障点的磨床上，由教师进行示范检修，边分析边检查，直至故障排除。

（2）由教师设置已知故障点，在教师指导下从故障现象着手进行分析，采用正确的检查步骤和检修方法进行检修。

任务 2 M7130 型平面磨床工作台不能往复运动故障维修

学习目标

1. 熟悉磨床液压泵电动机的运动形式及控制要求。
2. 掌握磨床液压泵电动机控制线路的工作原理。
3. 熟悉磨床液压泵电动机控制线路的常见故障及其排除方法。
4. 掌握磨床工作台不能往复运动故障的检修流程，能正确排除故障。

任务引入

某加工厂生产车间的 M7130 型平面磨床加工时工作台不能往复运动，经维修班组长初步检查，判断为电气故障，需要对该设备控制线路进行检修。M7130 型平面磨床液压泵电动机控制线路如图 2-2-1 所示。

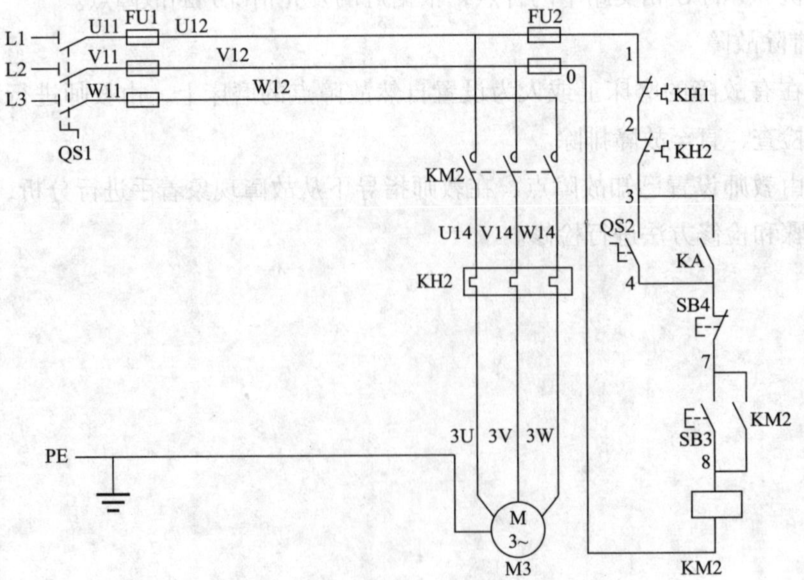

图 2-2-1 M7130 型平面磨床液压泵电动机控制线路

相关知识

一、磨床液压泵电动机的运动形式及控制要求（见表 2-2-1）

表 2-2-1 磨床液压泵电动机的运动形式及控制要求

运动种类	运动形式	控制要求
进给运动	工作台的往复运动（纵向进给）	（1）液压泵电动机拖动液压泵驱动工作台在液压作用下做纵向往复运动 （2）由装在工作台前侧的换向挡铁碰撞床身上的液压换向开关控制工作台进给方向
	砂轮架的前后运动（横向进给）	（1）在磨削的过程中，工作台每换向一次，砂轮架就横向进给一次 （2）在修正砂轮或调整砂轮的前后位置时，可连续横向移动 （3）砂轮架的横向进给运动既可由液压传动，也可由手轮来操作

二、磨床液压泵电动机控制线路的工作原理

M7130 型平面磨床液压泵电动机控制线路如图 2-2-1 所示。

三相电源由电源开关 QS1 引入。液压泵电动机 M3 由接触器 KM2 控制，并作失、欠压保护，热继电器 KH2 作过载保护，熔断器 FU1 作短路保护。

控制电路采用 380 V 交流电压供电，由熔断器 FU2 作短路保护。液压泵电动机 M3 采用接触器自锁正转控制线路。液压泵电动机启动的必要条件是使 QS2 或 KA 的常开触点闭合。

M3 启动：按下启动按钮 SB3 控制 KM2 线圈得电实现。

M3 停止：按下停止按钮 SB4 控制 KM2 线圈失电实现。

三、磨床液压泵电动机控制线路的常见故障及其排除方法（见表 2-2-2）

表 2-2-2 磨床液压泵电动机控制线路的常见故障及其排除方法

故障现象	主要故障点	检修排除方法
M3 不能启动	QS1 接触不良或损坏	修复或更换 QS1
	FUI、FU2 熔断	更换同型号熔体，并检查熔断原因
	KH1、KH2 常闭触点接触不良或过载脱扣	修复或更换 KH1、KH2
	KM2 线圈损坏、主触点接触不良或损坏	修复或更换 KM2
	SB3、SB4 接触不良或损坏	修复或更换 SB3、SB4

续表

故障现象	主要故障点	检修排除方法
M3 不能启动	QS2 和 KA 的常开触点未闭合	检查电磁吸盘控制电路，并修复故障
	M3 本身故障	修复或更换 M3

四、磨床工作台不能往复运动故障的检修流程（见图 2-2-2）

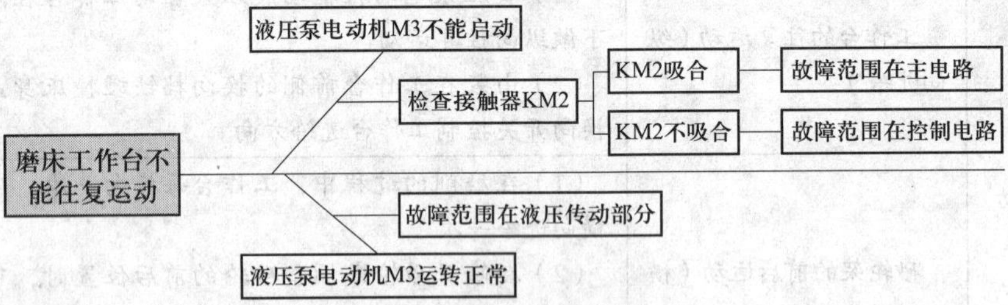

图 2-2-2　磨床工作台不能往复运动故障的检修流程

任务实施

一、准备工具和材料

按表 2-2-3 准备所需工具和材料。

表 2-2-3　工具、材料清单

工具	电工通用工具（1 套）、专用工具（如手电钻、压线钳、各种扳手等）				
仪表	ZC25-3 型兆欧表（500 V）、MG3-1 型钳形电流表、MF47 型万用表				
资料	任务单、出厂资料、维修档案、施工图纸、维修计划模板、维修记录模板、电工安全操作规程、电工手册、电气装置安装工程施工及验收规范等				
材料	导线、控制器件、保护器件、线槽、线管、绝缘材料、劳保用品、安全警示牌、警戒围栏				
器材	代号	名称	型号	规格	数量
	QS1	电源开关	HZ1-25/3	—	1
	QS2	转换开关	HZ1-10P/3	—	1
	FU1	熔断器	RL1-60/30	60 A、熔体 30 A	3
	FU2	熔断器	RL1-15/5	15 A、熔体 5 A	2
	KM2	接触器	CJ10-10	线圈电压 380 V	1
	KH1	热继电器	JR10-10	整定电流 9.5 A	1
	KH2	热继电器	JR10-10	整定电流 6.1 A	1

续表

	代号	名称	型号	规格	数量
器材	SB3	按钮	LA2	绿色	1
	SB4	按钮	LA2	红色	1

二、检修故障

1．观察故障现象

将转换开关QS2扳至"吸合"位置，合上电源开关QS1，然后按下启动按钮SB1，砂轮电动机M1启动运转，再按下启动按钮SB3，液压泵电动机M3不能启动，工作台不能往复运动。

2．确定故障范围并查找故障点

按下启动按钮SB3，观察接触器KM2是否吸合，如果KM2不吸合，则说明故障发生在控制电路部分。又因为接触器KM1能正常吸合，所以，故障范围为4#接线→SB4→7#接线→SB3（KM2辅助常开触点）→8#接线→KM2线圈→0#接线。

（1）采用电压测量法查找故障点。将万用表转换开关调至交流电压500 V挡，黑表笔接FU2的0#接点，将QS2扳至"吸合"位置，合上QS1，按住启动按钮SB3不放，红表笔依次测量下列各点。

1）测量SB4的4#接点，若电压为380 V，正常；若电压为0，则说明故障为4#接线脱落。

2）测量SB4的7#接点，若电压为380 V，正常；若电压为0，则说明故障为SB4接触不良或损坏。

3）测量SB3的7#接点，若电压为380 V，正常；若电压为0，则说明故障为7#接线脱落。

4）测量SB3的8#接点，若电压为380 V，正常；若电压为0，则说明故障为启动按钮SB3接触不良或损坏。

5）测量KM2线圈的8#接点，若电压为380 V，正常；若电压为0，则说明故障为8#接线脱落。

6）测量KM2线圈的0#接点，若电压为380 V，则说明故障为0#接线脱落；或电压为0，则说明故障为KM2线圈接触不良或损坏。

（2）采用校验灯法查找故障点。将QS2扳至"吸合"位置，合上QS1，按住启动按钮SB3不放，将校验灯（380 V）的一脚引线连接FU2的0#接点不动，另一脚引线依次连接下列各点。

1）连接SB4的4#接点，若校验灯发光，正常；若校验灯不亮，则说明故障为4#接线脱落。

2）连接SB4的7#接点，若检验灯发光，正常；若校验灯不亮，则说明故障为

SB4 接触不良或损坏。

3）连接 SB3 的 7# 接点，若校验灯发光，正常；若校验灯不亮，则说明故障为 7# 接线脱落。

4）连接 SB3 的 8# 接点，若校验灯发光，正常；若检验灯不亮，则说明故障为启动按钮 SB3 接触不良或损坏。

5）连接 KM2 线圈的 8# 接点，若校验灯发光，正常；若校验灯不亮，则说明故障为 8# 接线脱落。

6）连接 KM2 线圈的 0# 接点，若校验灯发光，则说明故障为 0# 接线脱落；若校验灯不亮，则说明故障为 KM2 线圈接触不良或损坏。

3. 排除故障

（1）在有故障的磨床上或人为设置自然故障点的磨床上，由教师进行示范检修，边分析边检查，直至故障排除。

（2）由教师设置已知故障点，在教师指导下从故障现象着手进行分析，采用正确的检查步骤和检修方法进行检修。

任务 3　M7130 型平面磨床电磁吸盘无吸力故障维修

学习目标

1. 熟悉磨床电磁吸盘的控制要求。
2. 掌握磨床电磁吸盘控制线路的工作原理。
3. 熟悉磨床电磁吸盘控制线路的常见故障及其排除方法。
4. 掌握磨床电磁吸盘无吸力故障的检修流程，能正确排除故障。

任务引入

某加工厂生产车间的 M7130 型平面磨床加工时电磁吸盘无吸力，经维修班组长初步检查，判断为电气故障，需要对该设备控制线路进行检修。M7130 型平面磨床电磁吸盘控制线路如图 2-3-1 所示。

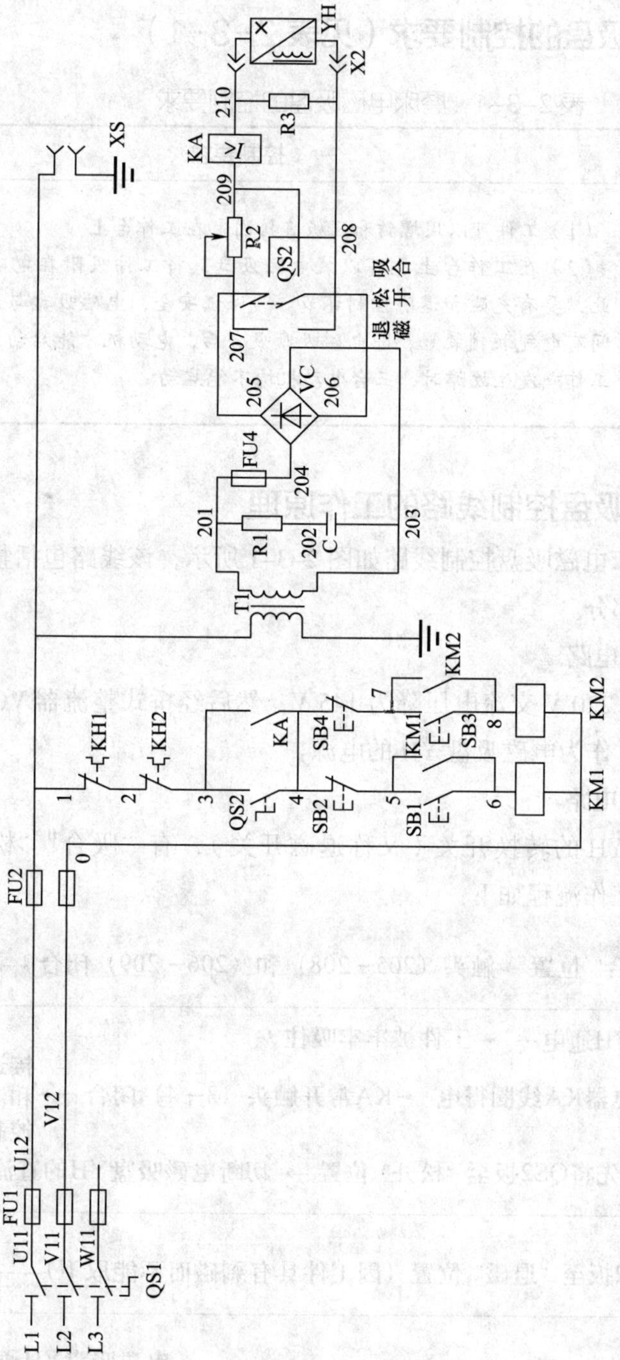

图 2-3-1 M7130 型平面磨床电磁吸盘控制线路

相关知识

一、磨床电磁吸盘的控制要求（见表 2–3–1）

表 2–3–1　磨床电磁吸盘的控制要求

运动种类	运动形式	控制要求
辅助运动	工件的夹紧与松开	（1）工件可以用螺钉和压板直接固定在工作台上 （2）在工作台上也可以装电磁吸盘，将工件吸附在电磁吸盘上，因此，要有充磁和退磁控制环节。为保证安全，电磁吸盘与三台电动机之间有电气联锁装置，即电磁吸盘吸合后，电动机才能启动，电磁吸盘不工作或发生故障时，三台电动机均不能启动

二、磨床电磁吸盘控制线路的工作原理

M7130 型平面磨床电磁吸盘控制线路如图 2–3–1 所示，该线路包括整流电路、控制电路和保护电路三部分。

1．电磁吸盘整流电路

整流变压器 T1 将 220 V 交流电压降为 145 V，然后经桥式整流器 VC 整流后输出约 110 V 的直流电压，作为电磁吸盘 YH 的电源。

2．电磁吸盘控制电路

QS2 是电磁吸盘 YH 的转换开关（又称退磁开关），有“吸合”“松开”和“退磁”三个位置。具体工作流程如下：

吸合：将QS2扳至“吸合”位置→触头（205–208）和（206–209）闭合→
→电磁吸盘YH通电→工件被牢牢吸住
→欠电流继电器KA线圈得电→KA常开触头（3–4）闭合→接通砂轮电动机和液压泵电动机控制电路

松开：工件加工完毕，先将QS2扳至“松开”位置→切断电磁吸盘YH的直流电源→
→再将QS2扳至“退磁”位置（因工件具有剩磁而不能取下）→
→触头（205–207）和（206–208）闭合→电磁吸盘YH通入较小的反向电流进行退磁

退磁：退磁结束，将QS2扳回到“松开”位置，将工件取下

（1）吸合控制。将 QS2 扳至“吸合”位置，其触点（205–208）和（206–209）闭合，110 V 直流电压接入电磁吸盘 YH，工件被牢牢吸住。此时，欠电流继电器 KA 线圈得电，KA 的常开触点（3–4）闭合，为砂轮电动机和液压泵电动机控制电路得电做好准备。

（2）松开控制。待工件加工完毕，先将 QS2 扳至“松开”位置，其触点（205–208）和（206–209）恢复断开，切断电磁吸盘 YH 的直流电源。此时由于工件具有剩磁而不易取下，因此，必须进行退磁。

（3）退磁控制。将 QS2 扳至“退磁”位置，其触点（205–207）和（206–208）闭合，因退磁回路中串入了退磁电阻 R2，电磁吸盘 YH 通入较小的反向电流进行退磁。退磁结束，将 QS2 扳至“松开”位置，即可将工件取下。

若将工件夹在工作台上，而不需要电磁吸盘时，则应将电磁吸盘 YH 的插接器 X2 从插座上拔下，同时将转换开关 QS2 扳至“退磁”位置，这时，接在控制电路中的 QS2 常开触点（3–4）闭合，接通电动机的控制电路，使磨床能正常工作。

3. 电磁吸盘保护电路

电磁吸盘保护电路由放电电阻 R3 和欠电流继电器 KA 组成。因为电磁吸盘的电感很大，当电磁吸盘从“吸合”状态转变为“松开”状态的瞬间，线圈两端将产生很大的自感电动势，易使线圈或其他元件由于过电压而损坏。电阻 R3 的作用是在电磁吸盘断电瞬间给线圈提供放电通路，吸收线圈释放的磁场能量。欠电流继电器 KA 的作用是防止电磁吸盘断电或电流不足时，吸力消失或减小导致工件脱出而发生事故。

电阻 R1 与电容器 C 串联组成阻容吸收电路，其作用是吸收电磁吸盘回路交流侧的过电压，对整流器进行过电压保护。

熔断器 FU4 为电磁吸盘提供短路保护。

三、磨床电磁吸盘控制线路的常见故障及其排除方法（见表 2–3–2）

表 2–3–2 磨床电磁吸盘控制线路的常见故障及其排除方法

故障现象	主要故障点	检修排除方法
YH 无吸力	FU2、FU4 熔断	更换同型号熔体，并检查熔断原因
	X2 接触不良	修复或更换 X2
	电磁吸盘线圈损坏	重绕电磁吸盘线圈
	R3 和 KA 损坏	修复或更换 R3、KA
	T1 线圈损坏	修复或更换 T1
	VC 损坏	更换 VC

四、磨床电磁吸盘无吸力故障的检修流程（见图 2-3-2）

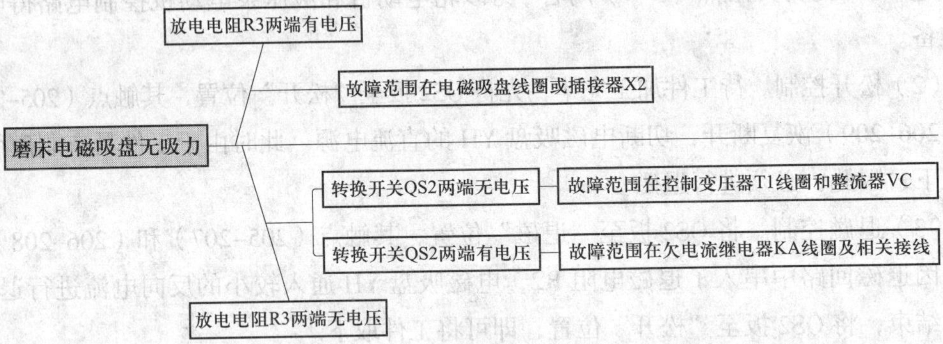

图 2-3-2　磨床电磁吸盘无吸力故障的检修流程

任务实施

一、准备工具和材料

按表 2-3-3 准备所需工具和材料。

表 2-3-3　工具、材料清单

<table>
<tr><td>工具</td><td colspan="5">电工通用工具（1 套）、专用工具（如手电钻、压线钳、各种扳手等）</td></tr>
<tr><td>仪表</td><td colspan="5">ZC25-3 型兆欧表（500 V）、MG3-1 型钳形电流表、MF47 型万用表</td></tr>
<tr><td>资料</td><td colspan="5">任务单、出厂资料、维修档案、施工图纸、维修计划模板、维修记录模板、电工安全操作规程、电工手册、电气装置安装工程施工及验收规范等</td></tr>
<tr><td>材料</td><td colspan="5">导线、控制器件、保护器件、线槽、线管、绝缘材料、劳保用品、安全警示牌、警戒围栏</td></tr>
<tr><td rowspan="7">器材</td><td>代号</td><td>名称</td><td>型号</td><td>规格</td><td>数量</td></tr>
<tr><td>QS1</td><td>电源开关</td><td>HZ1-25/3</td><td>—</td><td>1</td></tr>
<tr><td>QS2</td><td>转换开关</td><td>HZ1-10P/3</td><td>—</td><td>1</td></tr>
<tr><td>FU1</td><td>熔断器</td><td>RL1-60/30</td><td>60 A、熔体 30 A</td><td>3</td></tr>
<tr><td>FU2</td><td>熔断器</td><td>RL1-15/5</td><td>15 A、熔体 5 A</td><td>2</td></tr>
<tr><td>FU4</td><td>熔断器</td><td>RL1-15/2</td><td>15 A、熔体 2 A</td><td>1</td></tr>
<tr><td>T1</td><td>整流变压器</td><td>BK-400</td><td>400 V · A、220 V/145 V</td><td>1</td></tr>
</table>

续表

	代号	名称	型号	规格	数量
器材	VC	硅整流器	GZH	1 A、200 V	1
	YH	电磁吸盘	—	1.2 A、110 V	1
	KA	欠电流继电器	JT3–11L	1.5 A	1
	R1	电阻器	GF	6 W、125 Ω	1
	R2	电阻器	GF	50 W、1000 Ω	1
	R3	电阻器	GF	50 W、500 Ω	1
	C	电容器	—	600 V、5 μF	1
	SB1	按钮	LA2	绿色	1
	SB2	按钮	LA2	红色	1
	SB3	按钮	LA2	绿色	1
	SB4	按钮	LA2	红色	1
	KH1	热继电器	JR10–10	整定电流 9.5 A	1
	KH2	热继电器	JR10–10	整定电流 6.1 A	1

二、检修故障

1. 观察故障现象

合上电源开关 QS1，将转换开关 QS2 扳至“吸合”位置，发现电磁吸盘 YH 无吸力。

2. 确定故障范围并查找故障点

电磁吸盘 YH 无吸力，则说明没有电流通过电磁吸盘线圈，因此，应先检测电磁吸盘两端电压是否正常，然后逐级向变压器 T1 测量。

将万用表转换开关调至直流电压 250 V 挡，依次测量下列各点：

（1）红表笔连接 R3 的 208# 接点，黑表笔连接 R3 的 210# 接点，若测得 R3 两端电压为 130 V，正常，则说明故障为电磁吸盘 YH 线圈断路或插接器 X2 接触不良；若测得电压为 0 V，则继续进行下一项。

（2）红表笔连接 QS2 的 208# 接点，黑表笔连接 QS2 的 209# 接点，若测得 QS2 两端电压约为 130 V，正常，则说明故障为欠电流继电器 KA 线圈断路或接线脱落；若测得电压为 0 V，则说明故障为整流器 VC 损坏、控制变压器 T1 线圈断路或其相关接线脱落。

3. 排除故障

（1）在有故障的磨床上或人为设置自然故障点的磨床上，由教师进行示范检修，边分析边检查，直至故障排除。

（2）由教师设置已知故障点，在教师指导下从故障现象着手进行分析，采用正确的检查步骤和检修方法进行检修。

任务4 M7130型平面磨床电气控制线路综合故障维修

学习目标

1. 熟悉M7130型平面磨床的运动形式及控制要求。
2. 掌握M7130型平面磨床电气控制线路的工作原理。
3. 熟悉M7130型平面磨床电气控制线路的常见故障及其排除方法。
4. 掌握M7130型平面磨床电气控制线路常见故障的检修流程，能正确排除故障。

任务引入

在使用过程中，由于电器元件老化、损坏或操作不当等原因，某加工厂生产车间的M7130型平面磨床电气控制线路出现故障，导致磨床不能正常工作，影响生产加工，需要由电气维修人员对设备进行故障诊断，确定故障类型，分析故障原因，查找故障点，并排除故障，以恢复设备的正常使用性能。M7130型平面磨床电气控制线路如图2-4-1所示。

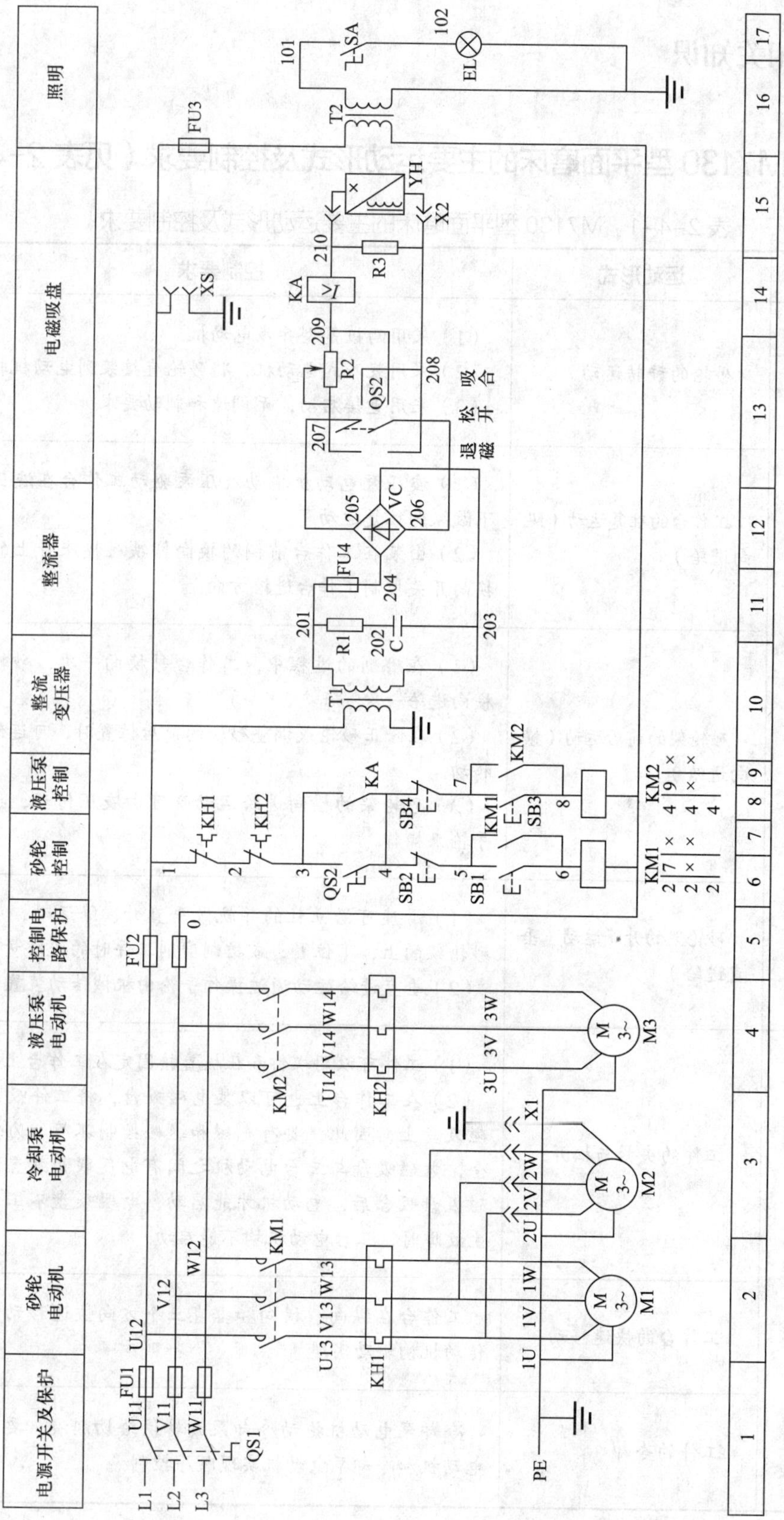

图 2-4-1 M7130 型平面磨床电气控制线路

相关知识

一、M7130 型平面磨床的主要运动形式及控制要求（见表 2-4-1）

表 2-4-1　M7130 型平面磨床的主要运动形式及控制要求

运动种类	运动形式	控制要求
主运动	砂轮的旋转运动	（1）采用两极笼型异步电动机 （2）采用装入式电动机，将砂轮直接装到电动机轴上 （3）采用直接启动，无调速和制动要求
进给运动	工作台的往复运动（纵向进给）	（1）液压泵电动机拖动液压泵驱动工作台在液压作用下做纵向往复运动 （2）由装在工作台前侧的换向挡铁碰撞床身上的液压换向开关控制工作台进给方向
	砂轮架的前后运动（横向进给）	（1）在磨削的过程中，工作台每换向一次，砂轮架就横向进给一次 （2）在修正砂轮或调整砂轮的前后位置时，可连续横向移动 （3）砂轮架的横向进给运动既可由液压传动，也可由手轮来操作
	砂轮架的升降运动（垂直进给）	（1）滑座可沿立柱的导轨做垂直升、降运动，以调整砂轮架的上、下位置，或控制磨削工件时的进给量 （2）垂直进给运动通过操作手轮由机械传动装置实现
辅助运动	工件的夹紧与松开	（1）工件可以用螺钉和压板直接固定在工作台上 （2）在工作台上也可以装电磁吸盘，将工件吸附在电磁吸盘上，因此，要有充磁和退磁控制环节。为保证安全，电磁吸盘与三台电动机之间有电气联锁装置，即电磁吸盘吸合后，电动机才能启动，电磁吸盘不工作或发生故障时，三台电动机均不能启动
	工作台的快速移动	工作台在纵向、横向和垂直三个方向快速移动由液压传动机构驱动实现
	工件的冷却	冷却泵电动机拖动冷却泵旋转供给切削液；要求砂轮电动机和冷却泵电动机实现顺序控制

二、M7130 型平面磨床电气控制线路工作原理分析

M7130 型平面磨床电气控制线路如图 2-4-1 所示，该线路分为主电路、控制电路、电磁吸盘控制电路和照明电路四部分。

1. 主电路分析

三相电源由电源开关 QS1 引入。主电路中有三台电动机，M1 为砂轮电动机，M2 为冷却泵电动机，M3 为液压泵电动机，共用一组熔断器 FU1 作短路保护。砂轮电动机 M1 由接触器 KM1 控制，热继电器 KH1 作过载保护。冷却泵电动机 M2 由接触器 KM1 和插接器 X1 控制。液压泵电动机 M3 由接触器 KM2 控制，热继电器 KH2 作过载保护。

2. 控制电路分析

控制电路采用 380 V 交流电压供电，由熔断器 FU2 作短路保护。

在电动机的控制电路中，三台电动机启动的必要条件是使转换开关 QS2 或欠电流继电器 KA 的常开触点闭合，这样就确保加工工件被电磁吸盘 YH 吸住的情况下，砂轮和工作台才能进行磨削加工，保证安全。

砂轮电动机 M1 采用接触器自锁正转控制线路，由启动按钮 SB1、停止按钮 SB2 控制启停。砂轮电动机 M1 启动后，插上插接器 X1，冷却泵电动机 M2 随即启动运转。液压泵电动机 M3 采用接触器自锁正转控制线路，由启动按钮 SB3、停止按钮 SB4 控制启停。

3. 电磁吸盘控制电路分析

电磁吸盘是用来固定加工工件的一种夹具。与机械夹具相比，它具有夹紧迅速、操作快速简便、不损伤工件、一次能吸牢多个小工件，以及磨削中工件发热可自由伸缩、不会变形等优点。不足之处是只能吸住铁磁材料的工件，不能吸牢非磁性材料（如铜、铝等）的工件。

电磁吸盘的结构如图 2-4-2 所示。它的外壳由钢制箱体和盖板组成。在箱体内部均匀排列的多个凸起的芯体上绕有线圈，盖板则用非磁性材料（如铅锡合金）隔离成若干钢条。当线圈通入直流电后，凸起的芯体和隔离的钢条均被磁化形成磁极。当工件放在电磁吸盘上时，也将被磁化而产生与电磁吸盘相异的磁极并被牢牢吸住。

电磁吸盘控制电路包括整流电路、控制电路和保护电路三部分。

整流变压器 T1 将 220 V 交流电压降为 145 V，然后经桥式整流器 VC 整流后输出约 110 V 直流电压，作为电磁吸盘 YH 的电源。

电磁吸盘 YH 由转换开关 QS2 控制，分为“吸合”“松开”和“退磁”三种工作状态。熔断器 FU4 为电磁吸盘提供短路保护。

4. 照明电路分析

照明变压器 T2 将 380 V 交流电压降为 24 V 安全电压供给照明电路。EL 为照明灯，一端接地，另一端由开关 SA 控制。熔断器 FU3 作照明电路的短路保护。

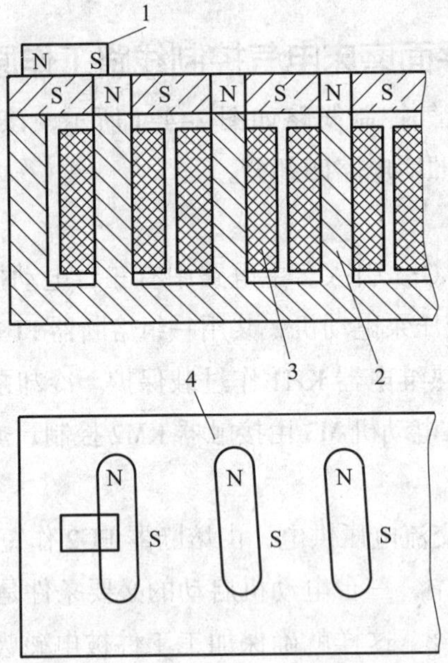

图 2-4-2　电磁吸盘结构示意图

1—工件　2—芯体　3—线圈　4—盖板

三、M7130 型平面磨床电气控制线路的常见故障及其排除方法（见表 2-4-2）

表 2-4-2　M7130 型平面磨床电气控制线路的常见故障及其排除方法

故障现象	主要故障点	检修排除方法
M1 和 M3 均不能启动	控制电路的电源故障	检测控制电路的电源电压并修复故障
	控制电路的公共部分（0# 接线→1# 接线→2# 接线→3# 接线→4# 接线）故障	修复控制电路的公共部分
M1 不能启动	参见表 2-1-2	
M3 不能启动	参见表 2-2-2	
M1、M2、M3 均不能启动	QS2 和 KA 的常开触点（3-4）接触不良、接线脱落或有油垢	修复或更换 QS2、KA
	KH1、KH2 故障	修复或更换 KH1、KH2
KH1 经常脱扣	轴瓦磨损	修复或更换轴瓦
	砂轮进刀量太大，电动机超负荷运行	选择合适的进刀量
	热继电器规格不合适或没有重新调整整定电流	按规定选取合适规格的热继电器或调整整定电流

续表

故障现象	主要故障点	检修排除方法
YH 无吸力	参见表 2-3-2	
YH 吸力不足	电磁吸盘线圈短路	修复或更换电磁吸盘线圈
	整流元件短路或断路	修复相关线路
YH 退磁不好，使工件取下困难	退磁控制支路断路	修复退磁控制支路
	退磁电压过高	调整退磁电压至 5 ~ 10 V
	退磁时间太长或太短	调整退磁时间

四、M7130 型平面磨床电气控制线路常见故障的检修流程

1. 故障一：砂轮电动机 M1 和液压泵电动机 M3 均不能启动

检修流程如图 2-4-3 所示。

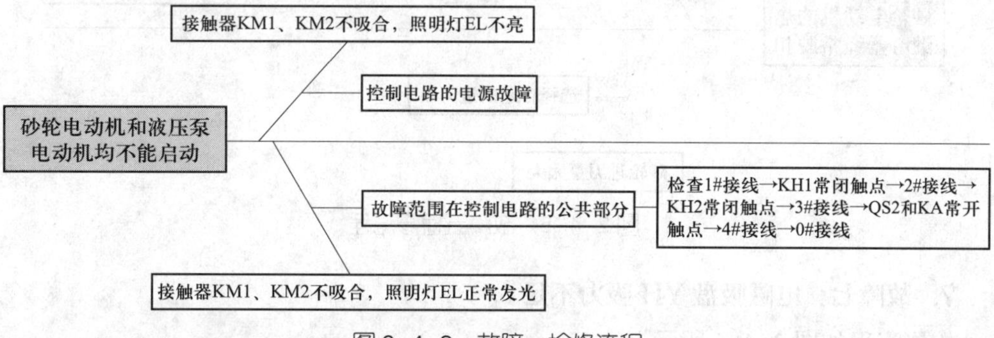

图 2-4-3 故障一检修流程

2. 故障二：砂轮电动机 M1 不能启动

检修流程见本课题任务 1。

3. 故障三：液压泵电动机 M3 不能启动

检修流程见本课题任务 2。

4. 故障四：三台电动机 M1、M2、M3 均不能启动

检修流程如图 2-4-4 所示。

5. 故障五：砂轮电动机的热继电器 KH1 经常脱扣

检修流程如图 2-4-5 所示。

6. 故障六：电磁吸盘 YH 无吸力

检修流程见本课题任务 3。

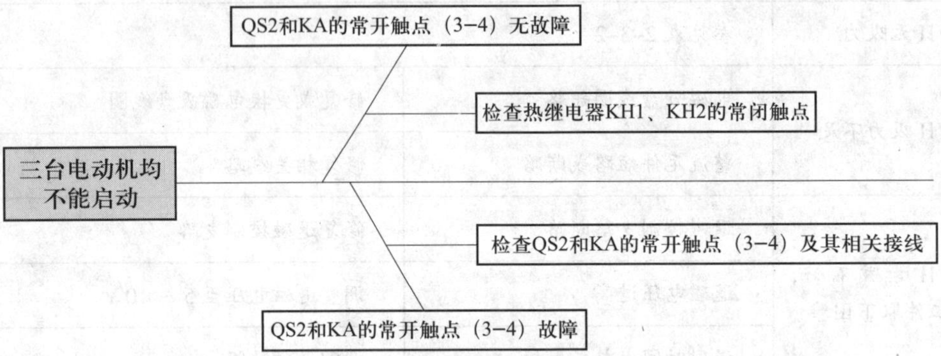

图 2–4–4　故障四检修流程

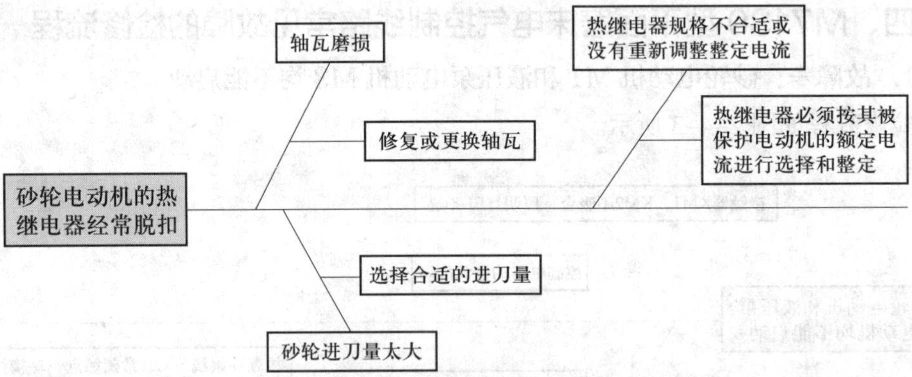

图 2–4–5　故障五检修流程

7. 故障七：电磁吸盘 YH 吸力不足

检修流程如图 2–4–6 所示。

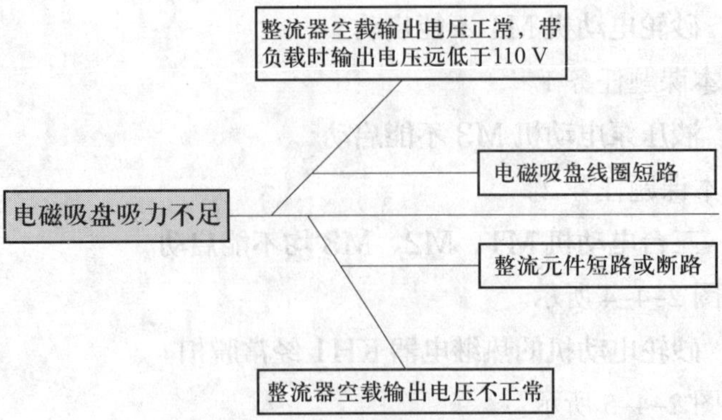

图 2–4–6　故障七检修流程

8. 故障八：电磁吸盘 YH 退磁不好，使工件取下困难

检修流程如图 2–4–7 所示。

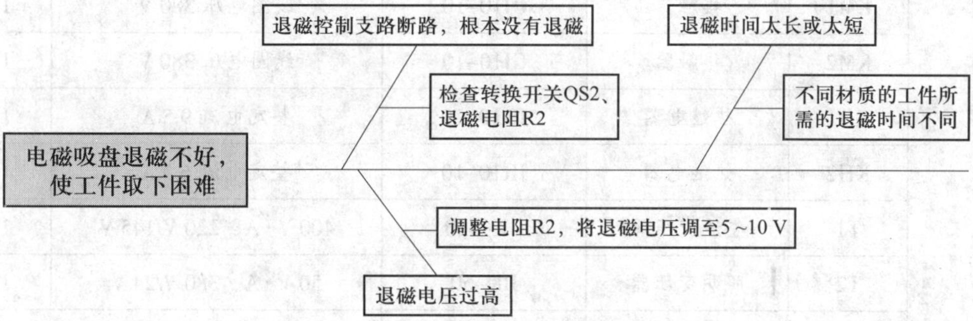

图 2–4–7 故障八检修流程

任务实施

一、准备工具和材料

按表 2–4–3 准备所需工具和材料。

表 2–4–3 工具、材料清单

工具	电工通用工具（1 套）、专用工具（如手电钻、压线钳、各种扳手等）				
仪表	ZC25–3 型兆欧表（500 V）、MG3–1 型钳形电流表、MF47 型万用表				
资料	任务单、出厂资料、维修档案、施工图纸、维修计划模板、维修记录模板、电工安全操作规程、电工手册、电气装置安装工程施工及验收规范等				
材料	导线、控制器件、保护器件、线槽、线管、绝缘材料、劳保用品、安全警示牌、警戒围栏				
器材	代号	名称	型号	规格	数量
	QS1	电源开关	HZ1–25/3	—	1
	QS2	转换开关	HZ1–10P/3	—	1
	SA	照明开关	—	—	1
	FU1	熔断器	RL1–60/30	60 A、熔体 30 A	3
	FU2	熔断器	RL1–15/5	15 A、熔体 5 A	2
	FU3	熔断器	BLX–1	1 A	1
	FU4	熔断器	RL1–15/2	15 A、熔体 2 A	1

续表

	代号	名称	型号	规格	数量
器材	KM1	接触器	CJ10–10	线圈电压 380 V	1
	KM2	接触器	CJ10–10	线圈电压 380 V	1
	KH1	热继电器	JR10–10	整定电流 9.5 A	1
	KH2	热继电器	JR10–10	整定电流 6.1 A	1
	T1	整流变压器	BK–400	400 V·A、220 V/145 V	1
	T2	照明变压器	BK–50	50 V·A、380 V/24 V	1
	VC	硅整流器	GZH	1 A、200 V	1
	YH	电磁吸盘	—	1.2 A、110 V	1
	KA	欠电流继电器	JT3–11L	1.5 A	1
	SB1	按钮	LA2	绿色	1
	SB2	按钮	LA2	红色	1
	SB3	按钮	LA2	绿色	1
	SB4	按钮	LA2	红色	1
	R1	电阻器	GF	6 W、125 Ω	1
	R2	电阻器	GF	50 W、1 000 Ω	1
	R3	电阻器	GF	50 W、500 Ω	1
	C	电容器	—	600 V、5 μF	1
	EL	照明灯	JD3	24 V、40 W	1
	X1	插接器	CY0–36	—	1
	X2	插接器	CY0–36	—	1
	XS	插座	—	250 V、5 A	1
	附件	退磁器	TC1TH/H	—	1

二、检修故障

1. 故障一

（1）观察故障现象：将转换开关 QS2 扳至“吸合”位置，合上电源开关 QS1；然后按下启动按钮 SB1，接触器 KM1 不吸合，砂轮电动机 M1 不能启动；按下启动按钮 SB3，接触器 KM2 不吸合，液压泵电动机 M3 也不能启动；按下照明灯开关 SA，照明灯 EL 不亮。

（2）确定故障范围并查找故障点：电动机 M1、M3 均不能启动的主要原因是接触器 KM1、KM2 没有吸合，而且照明灯也不能正常工作，则说明控制电路的电源故障。

1）断开电源开关 QS1，取下熔断器 FU3 的熔体，重新合上 QS1。

2）用验电笔依次测量 L1 相电源电路中的各点，若验电笔发光，正常；若验电笔不能发光，则说明故障点在测试点之前。

3）采用上述同样的测量方法依次判断 L2、L3 相电源电路中的故障点。

2. 故障二

（1）观察故障现象：将转换开关 QS2 扳至“吸合”位置，合上电源开关 QS1，然后按下启动按钮 SB1，接触器 KM1 吸合，砂轮电动机 M1 不能启动。

（2）确定故障范围、查找故障点和排除故障方法见本课题任务 1。

3. 故障三

（1）观察故障现象：将转换开关 QS2 扳至“吸合”位置，合上电源开关 QS1，然后按下启动按钮 SB1，砂轮电动机 M1 启动运转，再按下启动按钮 SB3，液压泵电动机 M3 不能启动。

（2）确定故障范围、查找故障点和排除故障方法见本课题任务 2。

4. 故障四

（1）观察故障现象：三台电动机 M1、M2、M3 均不能启动。

（2）确定故障范围并查找故障点：三台电动机均不能启动的原因可能是转换开关 QS2 和欠电流继电器 KA 的常开触点（3–4）接触不良、接线脱落或有油垢，使电动机的控制电路处于断电状态。首先，将转换开关 QS2 扳至“吸合”位置，检查欠电流继电器 KA 常开触点（3–4）的通断情况，如果 KA 常开触点不通，则修复或更换欠电流继电器。如果 KA 常开触点接通，则将转换开关 QS2 扳至“退磁”位置，拔掉电磁吸盘插接器，检查转换开关 QS2 常开触点（3–4）的通断情况，如果 QS2 的常开触点不通，则修复或更换转换开关。

如果 QS2 和 KA 的常开触点（3–4）均无故障，则应检查热继电器 KH1、KH2 的常闭触点是否动作或接触良好。

5. 故障五

（1）观察故障现象：砂轮电动机的热继电器 KH1 经常脱扣。

（2）确定故障范围并查找故障点：砂轮电动机 M1 为装入式电动机，其前轴承是铜瓦，易磨损，磨损后易发生堵转现象，使电流增大，导致热继电器 KH1 脱扣，如果是上述原因，则应修复或更换轴瓦。

此外，砂轮进刀量太大，电动机超负荷运转，造成电动机堵转，使电流急剧上升，也会导致热继电器 KH1 脱扣。因此，加工中应选择合适的进刀量，防止电动机超载。

除上述两种原因之外，更换后的热继电器规格选择太小或整定电流没有重新整定，导致电动机还未达到额定负载时，热继电器 KH1 就已脱扣。因此，热继电器必须按被其保护电动机的额定电流进行选择和整定。

6. 故障六

（1）观察故障现象：合上电源开关 QS1，将转换开关 QS2 扳至“吸合”位置，发现电磁吸盘 YH 无吸力。

（2）确定故障范围、查找故障点和排除故障方法见本课题任务 3。

7. 故障七

（1）观察故障现象：电磁吸盘 YH 吸力不足。

（2）确定故障范围并查找故障点：电磁吸盘 YH 吸力不足的原因是电磁吸盘线圈局部短路而使电压降低或整流器输出电压不正常。M7130 型平面磨床电磁吸盘的电源由整流器 VC 供给，空载时，整流器直流输出电压应为 130 V 左右，带负载时应不低于 110 V。

若整流器空载输出电压正常，带负载时输出电压远低于 110 V，则说明故障为电磁吸盘线圈短路，短路点多发生在线圈各绕组间的引线接头处。这是由于电磁吸盘密封不严，切削液流入，引起绝缘损坏，造成线圈短路；若短路严重，过大的电流会使整流元件和整流变压器烧坏。出现这种故障，必须更换电磁吸盘线圈，并且要处理好线圈绝缘，安装时要做好密封。

若整流器空载输出电压不正常，大多是整流元件短路或断路造成的，应检测整流器 VC 的交流侧电压及直流侧电压是否正常。若交流侧电压正常，直流输出电压不正常，则说明整流器发生元件短路或断路故障。如某一桥臂的整流二极管断路，将使输出电压降到额定电压的一半；如相邻的两个二极管均断路，则输出电压为零。整流器元件损坏的原因可能是元件过热或过电压。如整流二极管热容量很小，在整流器过载时，元件温度急剧上升，烧坏二极管；如放电电阻 R3 损坏或接线断路时，由于电磁吸盘线圈电感很大，在断开瞬间产生过电压将整流元件击穿。检修此类故障时，可采用万用表测量整流器的输出及输入电压，判断其故障部位，查找故障元件，进行更换或修复即可。

8. 故障八

（1）观察故障现象：电磁吸盘 YH 退磁不好，使工件取下困难。

（2）确定故障范围并查找故障点：电磁吸盘退磁不好的原因，一是退磁控制支路断路，根本没有退磁，这时应检查转换开关 QS2 触点是否接触良好，退磁电阻 R2 是否损坏；二是退磁电压过高，这时应调整退磁电阻 R2，将退磁电压调至 5 ~ 10 V；三是退磁时间太长或太短，对于不同材质的工件，所需的退磁时间不同，这时应根据经验掌握好退磁时间。

在掌握 M7130 型平面磨床电气控制线路常见故障的检修流程和方法后，由教师根据实际情况设置综合故障点，在教师指导下从故障现象着手进行分析，采用正确的检查步骤和检修方法自行独立进行检修，并做好维修记录。

拓展学习

M7475B 型平面磨床电气控制线路的检修

M7475B 型平面磨床的外形及结构如图 2-4-8 所示，主要由床身、工作台、砂轮架、立柱等部分组成，它采用立式磨头，用砂轮的端面进行磨削加工，用电磁吸盘固定工件。

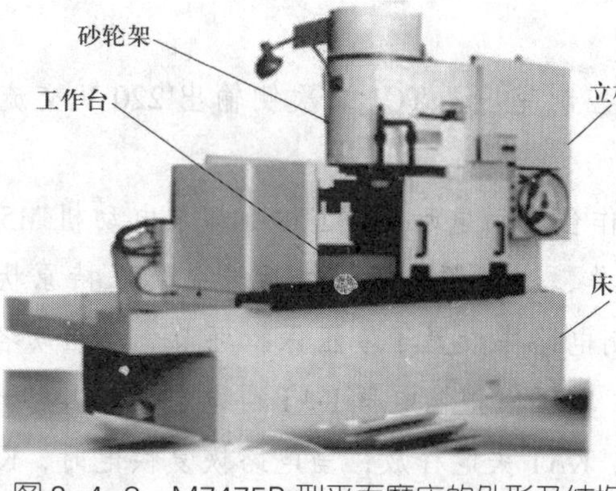

图 2-4-8　M7475B 型平面磨床的外形及结构

M7475B 型平面磨床的各种运动均由电气控制，其主要运动形式包括主运动、进给运动和辅助运动。砂轮的旋转为主运动，工作台的转动为进给运动，工作台的移动和磨头的上下移动为辅助运动。其控制要求如下：

（1）砂轮电动机只要求单向转动，由于容量较大，采用 Y-△降压启动。

（2）工作台转动采用双速电动机控制的电气调速，以简化传动机构。工作台低速运转时，电动机绕组接成△形，转速为 960 r/min；工作台高速运转时，电动机绕组接成双 Y 形，转速为 1 440 r/min。

（3）为保证磨床安全和防止电源短路，工作台转动与磨头下降、工作台高速转动与低速转动、工作台左移与右移、磨头上升与下降均采用正反转控制，并设有电气联锁。

（4）工作台的电磁吸盘采用晶闸管励磁控制。为确保加工后工件能取下，要求工作台的电磁吸盘在停止励磁后自动退磁。

一、M7475B 型平面磨床电气控制线路的工作原理分析

M7475B 型平面磨床电气控制线路如图 2-4-9 所示，该线路分为主电路、控制电路、电磁吸盘控制电路和照明与指示电路四部分。

1. 主电路分析

M7475B 型平面磨床的三相交流电源由低压断路器 QF 引入。主电路中共有 5 台电动机，其中，M1 是砂轮电动机，由接触器 KM1、KM2 控制实现 Y-△降压启动，由低压断路器 QF 作短路保护；M2 是工作台转动电动机，由接触器 KM3、KM4 控制其低、高速运转，由熔断器 FU1 作短路保护；M3 是工作台移动电动机，由接触器 KM5、KM6 控制其正反转，实现工作台左右移动；M4 是磨头升降电动机，由接触器 KM7、KM8 控制其正反转；M5 是冷却泵电动机，由插接器 X 和接触器 KM9 控制其启动和停止。5 台电动机均由热继电器作过载保护，M3、M4 和 M5 共用熔断器 FU2 作短路保护。

2. 控制电路分析

控制电路的电源由控制变压器 TC1 二次侧输出 220 V 交流电压提供，由熔断器 FU3 作短路保护。

（1）零压保护。工作台转动电动机 M2 和冷却泵电动机 M5 的启动和停止采用无自动复位功能的开关操作，当电源电压消失后开关仍保持原状。为防止电压恢复时 M2、M5 自行启动，控制电路中设置了零压保护环节。在启动各电动机之前，必须先按下按钮 SB2（14 区），零压保护继电器 KA1 得电自锁，其常开触点闭合接通控制电路电源。当电路断电时，KA1 失电释放；当电路恢复供电时，KA1 不会自行得电，从而实现零压保护。

（2）砂轮电动机 M1 的控制。合上电源开关 QF（1 区），将工作台高、低速转换开关 SA1（20—22 区）置于中间位置，按下按钮 SB2 使继电器 KA1 得电吸合后，再按下启动按钮 SB3（16 区），时间继电器 KT 和接触器 KM1、KM2Y 同时得电动作，KM1 的辅助常开触点（17 区）闭合自锁，KM2Y 的辅助常闭触点（19 区）断开对接触器 KM2△联锁，KM2Y 的主触点（2 区）闭合使砂轮电动机 M1 的定子绕组接成Y形启动。

经过延时，KT 延时断开的动断触点（18 区）断开，KM2Y 失电释放，KM2Y 的辅助常闭触点（19 区）闭合为 KM2△得电做准备。同时 KT 延时闭合的动合触点（19 区）闭合，KM2△得电动作，其主触点（4 区）闭合使 M1 的定子绕组接成△形进入正常运行状态。

停车时，按下停止按钮 SB4（16 区），接触器 KM1、KM2△和时间继电器 KT 失电释放，砂轮电动机 M1 断电停转。

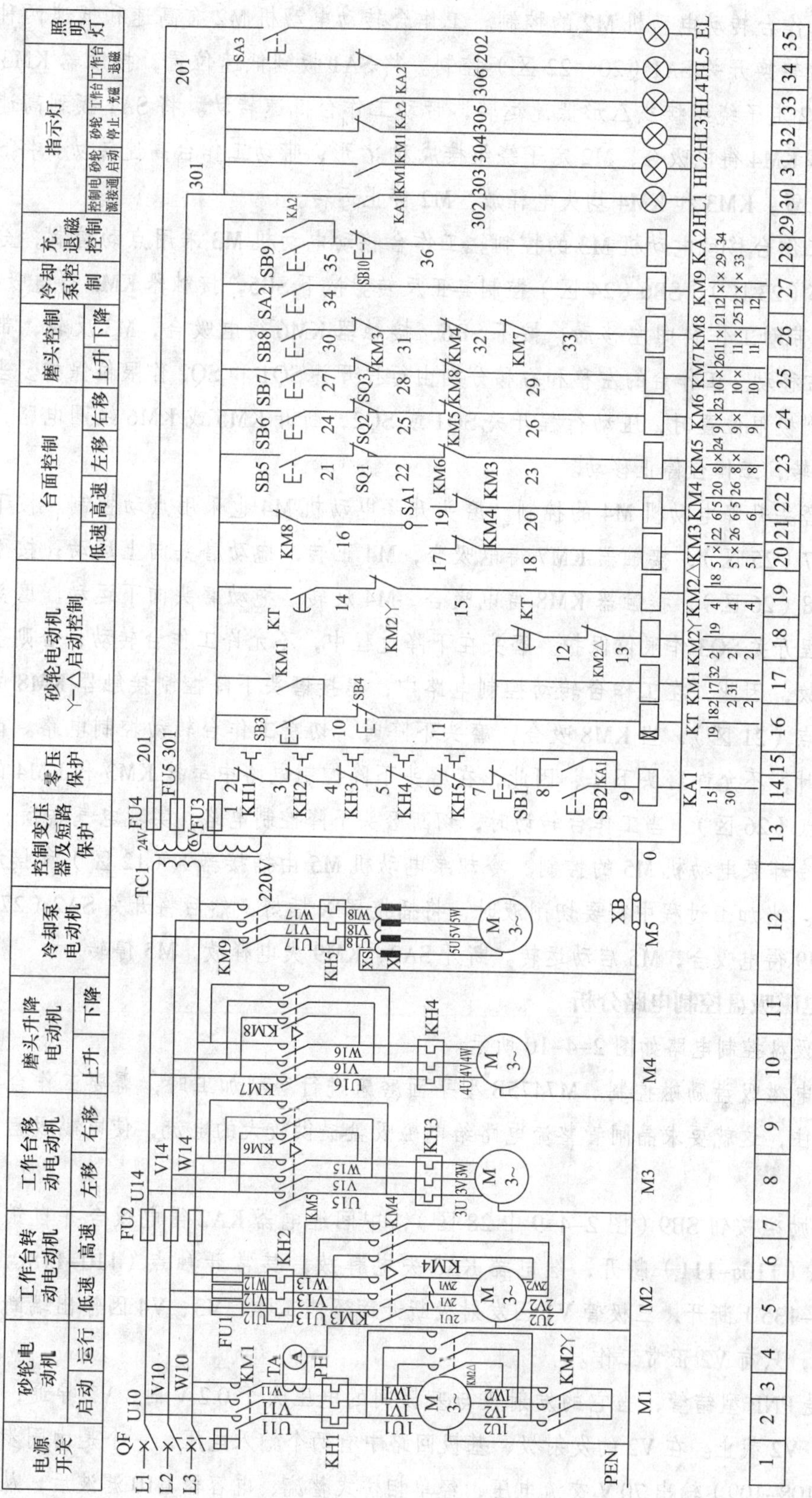

图2-4-9 M7475B型平面磨床电气控制线路

（3）工作台转动电动机M2的控制。工作台转动电动机M2有高速和低速两种工作状态，由转换开关SA1（20—22区）控制。将SA1扳到低速位置，接触器KM3得电吸合，M2定子绕组接成△形低速运转，带动工作台低速转动。将SA1扳到高速位置，接触器KM4得电吸合，M2定子绕组接成双Y形，带动工作台高速转动。将SA1扳到中间位置，KM3和KM4均失电释放，M2停止运转。

（4）工作台移动电动机M3的控制。工作台移动电动机M3采用点动控制，分别由按钮SB5（23区）、SB6（24区）控制其正反转。按下SB5，接触器KM5得电吸合，M3正转，带动工作台向左移动；按下SB6，接触器KM6得电吸合，M3反转，带动工作台向右移动。工作台的左移和右移分别由行程开关SQ1和SQ2作限位保护。当工作台移动到极限位置时，压动行程开关SQ1或SQ2，断开KM5或KM6线圈电路，使M3断电停转，工作台停止移动。

（5）磨头升降电动机M4的控制。磨头升降电动机M4也采用点动控制。按下上升按钮SB7（25区），接触器KM7得电吸合，M4正转，拖动磨头向上运动；按下下降按钮SB8（26区），接触器KM8得电吸合，M4反转，拖动磨头向下运动。磨头的上升由行程开关SQ3作限位保护。磨头在下降过程中，不允许工作台转动，否则会发生机械事故，因此，在工作台转动控制电路中，串接磨头下降控制接触器KM8的辅助常闭触点（21区），当KM8吸合，磨头下降时，切断工作台转动控制电路。而工作台转动时，不允许磨头下降，因此，在磨头下降控制电路中串接KM3和KM4的辅助常闭触点（26区），当工作台转动时，切断磨头下降控制电路，实现电气联锁。

（6）冷却泵电动机M5的控制。冷却泵电动机M5由插接器X（12区）和接触器KM9控制。当加工过程中需要切削液时，将插接器X插好，然后将开关SA2（27区）接通，KM9得电吸合，M5启动运转。断开SA2，KM9失电释放，M5停转。

3. 电磁吸盘控制电路分析

电磁吸盘控制电路如图2-4-10所示。

（1）电磁吸盘励磁控制。M7475B型平面磨床进行磨削加工时，需要工作台将工件牢牢吸住，这就要求晶闸管整流电路给电磁吸盘提供较大的电流，使电磁吸盘具有强磁性。

按下励磁按钮SB9（图2-4-9中28区），中间继电器KA2得电吸合并自锁，其常闭触点（110a-111）断开，继电器KA3失电释放，其常开触点（110-118、121-134、123-135）断开，三极管V1因发射极断开而不能工作，V3、V4因输出端断开而不起作用，只有V2正常工作。

V2是PNP型锗管，当它的发射极与基极间的电压大于0.2 V时，V2导通；小于0.2 V时，V2截止。在V2的发射极、基极回路中有两个输入电压，一个是由同步变压器TC2（108-109）输出70 V交流电压，经单相桥式整流、电容器C10滤波后，从电位

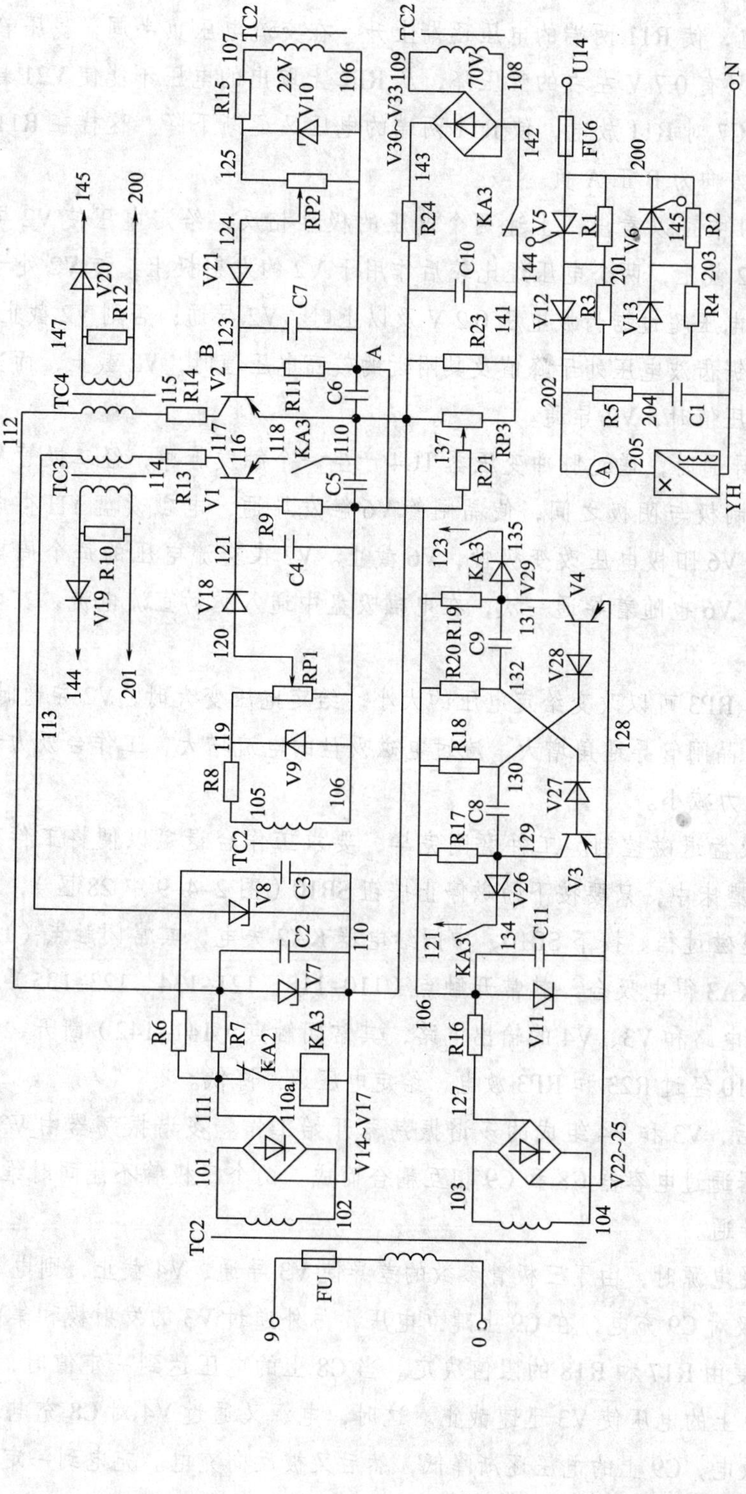

图2-4-10 M7475B 型平面磨床电磁吸盘控制电路

器 RP3 上获得的给定电压；另一个是由同步变压器 TC2（106–107）输出 22 V 交流电压，经电位器 RP2 取出，通过二极管 V21 整流的电压，即电阻 R11 两端的电压。在交流电压正半周，正弦波电压被稳压管 V10 削成梯形波之后加在 RP2 上，并通过 V2l 给电容器 C7 充电，使 R11 两端的电压逐渐上升。在交流电压负半周，稳压管 V10 正向导通，它上面只有 0.7 V 左右的管压降，从 RP2 上取出的电压不能使 V21 导通，二极管 V21 截止，C7 对 R11 放电，使 R11 两端的电压又逐渐下降。这样在 R11 两端形成锯齿波电压，方向为 B 正 A 负。

从图 2–4–10 中可以看出，上述两个电压的极性相反，给定电压使 V2 导通，而锯齿波电压使 V2 截止，两个电压经比较后作用于 V2 的发射极上，使 V2 处于两种工作状态。当给定电压超过锯齿波电压 0.2 V 及以上时，V2 导通；否则 V2 截止。可见，一般情况下，当锯齿波电压处于峰值及其附近的较高电压值时，V2 截止，而当锯齿波电压处于较低电压值时，V2 导通。

在 V2 开始导通时，通过脉冲变压器 TC4 产生一个触发脉冲，经二极管 V20 送到晶闸管 V6 的控制极与阴极之间，使晶闸管 V6 触发导通，电磁吸盘 YH 得电。在交流电压负半周，V6 阳极电压改变极性，V6 截止。V2 在交流电压的每个周期内均导通一次，晶闸管 V6 也随着导通一次，在电磁吸盘中通入脉动直流电流，其电压约为 100 V。

调节电位器 RP3 可以改变给定电压的大小。给定电压变大时，V2 导通时间提前，触发脉冲前移，晶闸管导通角增大，流过电磁吸盘的电流增大，工作台吸力增大；反之，则工作台吸力减小。

（2）电磁吸盘退磁控制。工件磨削完毕，要求工作台退磁以便将工件取下。在 M7475B 型平面磨床中，只要按下励磁停止按钮 SB10（图 2–4–9 中 28 区），即可自动完成电磁吸盘退磁过程。按下 SB10，中间继电器 KA2 失电，其常闭触点（110a–111）闭合，继电器 KA3 得电吸合，其常开触点（110–118、121–134、123–135）闭合，接通 V1 的发射极电路和 V3、V4 的输出电路，其常闭触点（141–142）断开，切断给定电压的电源。C10 经过 R23 和 RP3 放电，给定电压逐渐降低。

KA3 动作后，V3 和 V4 组成的多谐振荡器开始工作。多谐振荡器由 V3 和 V4 组成的两个放大器通过电容器 C8 和 C9 相互耦合而成。两个三极管不能同时维持导通状态，只能轮流导通。

假定在接通电源时，由于三极管参数的差异使 V3 导通、V4 截止，则电源通过 V3 的发射极和基极对 C9 充电，在 C9 上建立电压，另外通过 V3 的发射极和集电极对 C8 充电，充电速度由 R17 和 R18 的阻值决定。当 C8 上的电压达到一定值时，V4 导通。V4 导通后，C9 上的电压使 V3 迅速截止。这时，电源又通过 V4 对 C8 充电，C9 则通过 R20 和 V4 放电，C9 上的电压逐渐降低，然后又被反向充电。充电到一定程度，V3

再次导通，而V4立即截止，这样就产生了自激振荡，使两个三极管V3、V4轮流导通，V3、V4的两个输出端轮流有电流输出。

V3、V4的输出端分别与V1、V2的基极相连。V3和V4导通时，其输出电压的极性与给定电压的极性相反，使V1和V2趋向于截止。V3和V4轮流有输出电压加到V1和V2的基极回路上，使V1和V2也轮流导通，通过脉冲变压器TC3、TC4将触发脉冲分别加到晶闸管V5、V6的控制极上，使V5和V6轮流导通，通过电磁吸盘YH的电流方向交替改变，其变化频率由多谐振荡器的振荡频率决定。

由于C10放电，给定电压逐渐减小，触发脉冲逐渐后移，晶闸管V5和V6的导通角逐渐减小，因此，加在YH上的正向电压和反向电压逐渐降低，最后趋向于零，从而达到退磁的目的。

由于电磁吸盘是电感性负载，因此，在其电路中并联大电容器C1进行滤波，以减小电压脉动成分。而并联C1后，晶闸管在一次侧导通时的过电流现象较严重，因此，电路中采用熔断器FU6作过电流保护。

二、M7475B型平面磨床电气控制线路的常见故障分析

1. 主电路常见故障分析

故障现象：砂轮电动机M1不能启动。

故障分析：首先，检查电源开关QF是否处于闭合位置。其次，将工作台高、低速转换开关SA1置于中间位置，按下按钮SB2，检查零压保护继电器KA1是否得电吸合。再按下启动按钮SB3，检查时间继电器KT和接触器KM1、KM2Y是否同时得电动作，即KM1的辅助常开触点（17区）闭合自锁，KM2Y的辅助常闭触点（19区）断开对KM2△联锁，KM2Y的主触点（2区）闭合，使砂轮电动机M1的定子绕组接成Y形启动。如果各继电器、接触器能够吸合，砂轮电动机M1仍不能启动运转，则继续检查主电路中的热继电器KH1、接触器KM1和KM2Y主触点及其相关接线，直至找到故障点。大多数情况下是因为KM1主触点烧灼，不能正常闭合导通，导致砂轮电动机M1不能启动。

2. 控制电路、电磁吸盘控制电路常见故障分析

（1）故障现象：按下电磁吸盘励磁按钮SB9，熔断器FU6立即熔断。

故障分析：熔断器FU6立即熔断的原因通常是FU6熔体规格选择太小、电容器C1被击穿或电磁吸盘YH线圈短路等。首先，检查FU6、C1，若都正常，则说明故障点在YH线圈外部，可进行简单修复；若故障点在YII线圈内部，则应更换电磁吸盘线圈。

（2）故障现象：电磁吸盘YH无吸力或吸力不足。

故障分析：如果电磁吸盘YH无吸力，首先，检查电磁吸盘的交流电压是否正常

和熔断器FU6的熔体是否完好。其次，检测电磁吸盘两端的直流电压是否正常，若直流电压正常，则说明故障点在电磁吸盘YH及其接线上；若直流电压为0，则说明故障发生在晶闸管整流和触发电路部分，应继续检测晶闸管V6的控制极是否有触发信号电压。若触发信号电压正常，故障原因可能是V6损坏或给定电压极性接反；若触发信号电压为0，应依次检测从RP3上取得的给定电压、从RP2上取得的锯齿波电压、从稳压管V7上取得的V2的电源电压和V2的工作是否正常，直至找到故障点。

如果电磁吸盘YH吸力不足，通常是因为触发脉冲延迟角过大，以致晶闸管导通角过小，造成输出电压过低。此时，可通过调整电位器RP3来解决，而不要随意调整电位器RP2，以免电磁吸盘退磁时因电路不对称，导致V5、V6的触发脉冲延迟角差异较大，引起退磁不彻底。

（3）故障现象：电磁吸盘YH不能退磁。

故障分析：电磁吸盘YH能励磁而不能退磁，则说明电磁吸盘线圈电路和励磁控制部分正常，故障发生在退磁控制部分。首先，依次检查继电器KA3是否吸合、其常开触点是否闭合，多谐振荡器是否工作正常，电容器C10上的残余电压是否符合要求等。如果以上检查结果均正常，再检查三极管V1、脉冲变压器TC2等是否工作正常。此外，V1、V2的锯齿波电压形成电路不对称导致两只晶闸管导通时间不相等、多谐振荡器工作频率过高等，都会造成电磁吸盘不能彻底退磁。

课题三
Z37 型摇臂钻床电气控制线路维修

任务 1　Z37 型摇臂钻床主轴电动机不能启动故障维修

学习目标

1. 熟悉 Z37 型摇臂钻床的主要结构及型号含义。
2. 熟悉钻床主轴电动机的运动形式及控制要求。
3. 掌握钻床主轴电动机控制线路的工作原理。
4. 熟悉钻床主轴电动机控制线路的常见故障及其排除方法。
5. 掌握钻床主轴电动机不能启动故障的检修流程，能正确排除故障。

任务引入

某加工厂生产车间的 Z37 型摇臂钻床通电后主轴电动机不能启动，经维修班组长初步检查，判断为电气故障，需要对该设备控制线路进行检修。Z37 型摇臂钻床主轴电动机控制线路如图 3-1-1 所示。

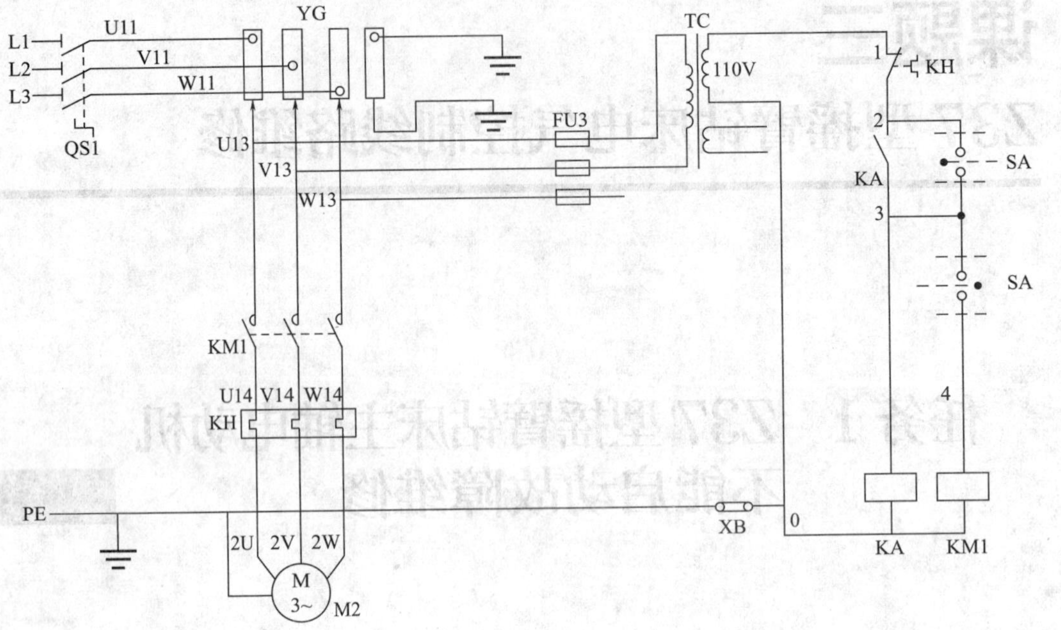

图 3-1-1　Z37 型摇臂钻床主轴电动机控制线路

相关知识

一、认识 Z37 型摇臂钻床

钻床通常用于钻孔、扩孔、铰孔及攻螺纹等基本加工过程。Z37 型摇臂钻床是一种应用广泛的钻床。

1．Z37 型摇臂钻床的主要结构

Z37 型摇臂钻床的结构如图 3-1-2 所示，主要由底座、内立柱、外立柱、摇臂、主轴箱、工作台等部分组成。内立柱固定在底座上，外面套着空心的外立柱，外立柱可绕着不动的内立柱回转 360°。摇臂一端的套筒部分与外立柱滑动配合，摇臂可沿外立柱上下移动，但不能绕外立柱转动，只能与外立柱一起相对内立柱回转。

2．Z37 型摇臂钻床的型号含义（见图 3-1-3）

二、钻床主轴电动机的运动形式及控制要求

1. 摇臂钻床的主运动是主轴带动钻头的旋转运动，主轴电动机拖动钻削及进给运动，只要求单向旋转。主轴的正反转通过正反转摩擦离合器来实现，主轴转速和进刀量通过变速机构调节。

2. 摇臂钻床的各种工作状态都通过十字开关操作，为防止十字开关手柄停在某一工作位置时，因接通电源而产生误动作，在控制线路中设有零压保护环节。

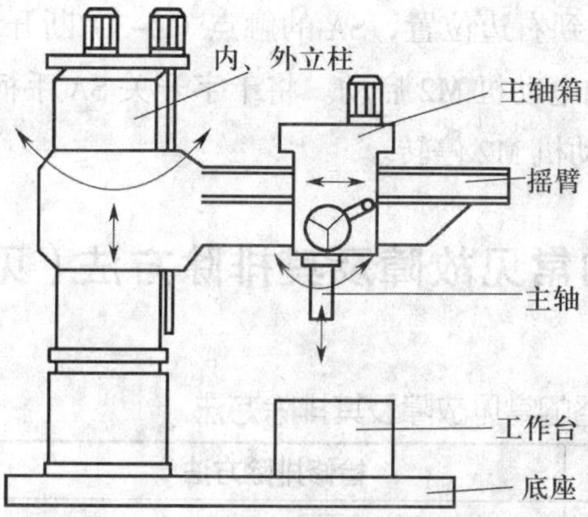

图 3-1-2 Z37 型摇臂钻床的结构

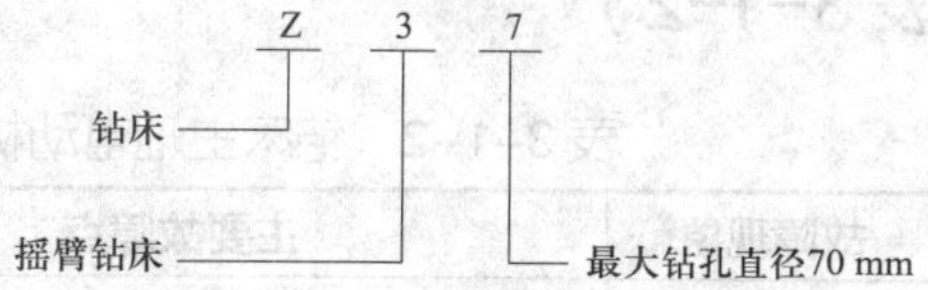

图 3-1-3 Z37 型摇臂钻床的型号含义

三、钻床主轴电动机控制线路的工作原理

Z37 型摇臂钻床主轴电动机控制线路如图 3-1-1 所示。

摇臂钻床的三相电源通过组合开关 QS1 和汇流排 YG 引入。主轴电动机 M2 由接触器 KM1 控制，热继电器 KH 作过载保护。

控制电路的电源由控制变压器 TC 二次侧输出 110 V 电压提供。Z37 型摇臂钻床控制电路采用十字开关 SA 操作，具有集中控制和操作方便等优点。十字开关 SA 由十字手柄和四个微动开关组成。根据工作需要，可将手柄分别扳在孔槽内五个不同位置上，即左、右、上、下和中间位置。手柄处在各个位置时的工作情况见表 3-1-1。

表 3-1-1 十字开关操作说明

手柄位置	接通微动开关的触点	工作情况
中间	均不通	控制电路断电，不工作
左	SA（2–3）	KA 得电吸合并自锁，零压保护
右	SA（3–4）	KM1 得电吸合，主轴旋转
上	SA（3–5）	KM2 得电吸合，摇臂上升
下	SA（3–8）	KM3 得电吸合，摇臂下降

由于十字手柄不能自动复位，为防止突然断电后再恢复通电时造成危险，控制电路中由中间继电器 KA 和十字开关 SA 配合实现零压保护。钻床工作时，必须先将十字手柄扳到左边位置，KA 得电吸合并自锁，为控制电路接通电源。当电路断电时，KA 失电释放，其常开触点（2–3）恢复断开，控制电路断电；当电路恢复供电时，KA 不能自行得电动作，其常开触点（2–3）保持断开，控制电路不能得电，从而避免钻床断电后再恢复通电时自行启动。

主轴电动机 M2 的启停由接触器 KM1 和十字开关 SA 控制。首先，将十字开关 SA 手柄扳到左边位置，SA 的触点（2–3）闭合，中间继电器 KA 得电吸合并自锁，为控制电路接通电源。其次，将十字开关 SA 手柄扳到右边位置，SA 的触点（2–3）断开、触点（3–4）闭合，接触器 KM1 得电吸合，主轴电动机 M2 启动。将十字开关 SA 手柄扳回中间位置，接触器 KM1 失电释放，主轴电动机 M2 停转。

四、钻床主轴电动机控制线路的常见故障及其排除方法（见表 3–1–2）

表 3–1–2　钻床主轴电动机控制线路的常见故障及其排除方法

故障现象	主要故障点	检修排除方法
M2 不能启动	QS1、YG 故障	修复或更换 QS1、YG
	FU3 熔断	更换同型号熔体，并检查熔断原因
	KH 常闭触点接触不良或过载脱扣	修复或更换 KH，并检查过载脱扣原因
	KM1 线圈损坏、主触点接触不良或损坏	修复或更换 KM1
	SA 接触不良或损坏	修复或更换 SA
	SA 的触点（2–3）和 KA 的常开触点未闭合	修复或更换 SA、KA
	M2 本身故障	修复或更换 M2
M2 不能停止	KM1 主触点熔焊	修复或更换 KM1
	KM1 的铁心接触面变形、有油污或剩磁粘住不能释放	修复或更换 KM1
	SA 扳回中间位置后，由于触点粘连或弹簧失效未能断开	修复或更换 SA

五、钻床主轴电动机不能启动故障的检修流程（见图 3–1–4）

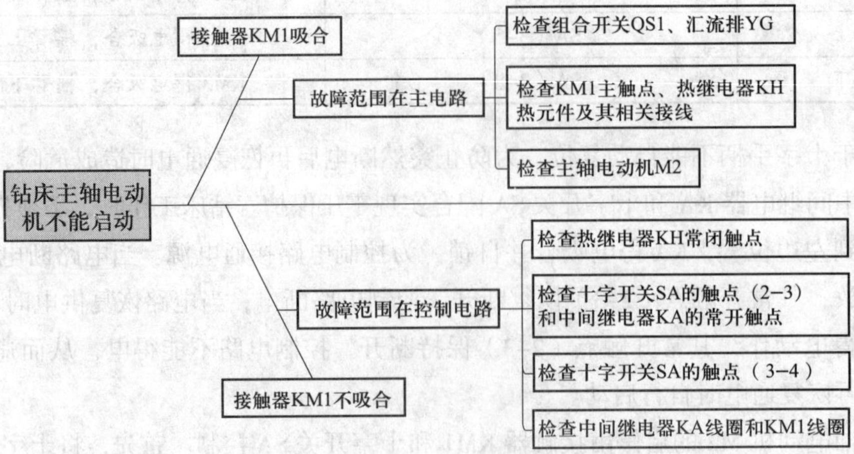

图 3–1–4　钻床主轴电动机不能启动故障的检修流程

任务实施

一、准备工具和材料

按表 3-1-3 准备所需工具和材料。

表 3-1-3 工具、材料清单

工具	电工通用工具（1 套）、专用工具（如手电钻、压线钳、各种扳手等）				
仪表	ZC25-3 型兆欧表（500 V）、MG3-1 型钳形电流表、MF47 型万用表				
资料	任务单、出厂资料、维修档案、施工图纸、维修计划模板、维修记录模板、电工安全操作规程、电工手册、电气装置安装工程施工及验收规范等				
材料	导线、控制器件、保护器件、线槽、线管、绝缘材料、劳保用品、安全警示牌、警戒围栏				
器材	代号	名称	型号	规格	数量
	KM1	交流接触器	CJ10-20	20 A、线圈电压 110 V	1
	KH	热继电器	JR36-20/3D	整定电流 16 A	1
	FU3	熔断器	RL1-15/5	15 A、熔体 5 A	3
	M2	主轴电动机	Y132M-4	7.5 kW、1 440 r/min	1
	YG	汇流排	—	—	1
	SA	十字开关	定制	—	1
	KA	中间继电器	JZ7-44	线圈电压 110 V	1
	QS1	组合开关	HZ2-25/3	25 A	1
	TC	控制变压器	BK-150	150 V·A、380 V/110 V、24 V	1

二、检修故障

1. 观察故障现象

钻床通电后，主轴电动机 M2 不能启动。

2. 确定故障范围并查找故障点

首先，检查接触器 KM1 是否吸合。若 KM1 吸合，则故障范围在主电路，应检查组合开关 QS1、汇流排 YG、接触器 KM1 主触点、热继电器 KH 热元件、主轴电动机 M2 是否正常。若 KM1 不吸合，则故障范围在控制电路，应检查热继电器 KH 常闭触点、十字开关 SA 触点、中间继电器 KA 常开触点和线圈、接触器 KM1 线圈是否接触良好或正常。

此外，各电器元件的接线断开或脱落，也会导致主轴电动机 M2 不能启动。

3. 排除故障

（1）在有故障的钻床上或人为设置自然故障点的钻床上，由教师进行示范检修，边分析边检查，直至故障排除。

（2）由教师设置已知故障点，在教师指导下从故障现象着手进行分析，采用正确的检查步骤和检修方法进行检修。

任务 2　Z37 型摇臂钻床立柱松紧电动机只能松开不能夹紧故障维修

学习目标

1. 熟悉钻床立柱松紧电动机的运动形式及控制要求。
2. 掌握钻床立柱松紧电动机控制线路的工作原理。
3. 熟悉钻床立柱松紧电动机控制线路的常见故障及其排除方法。
4. 掌握钻床立柱松紧电动机只能松开不能夹紧故障的检修流程，能正确排除故障。

任务引入

某加工厂生产车间的 Z37 型摇臂钻床立柱松紧电动机只能松开，到位后不能夹紧，经维修班组长初步检查，判断为电气故障，需要对该设备控制线路进行检修。Z37 型摇臂钻床立柱松紧电动机控制线路如图 3–2–1 所示。

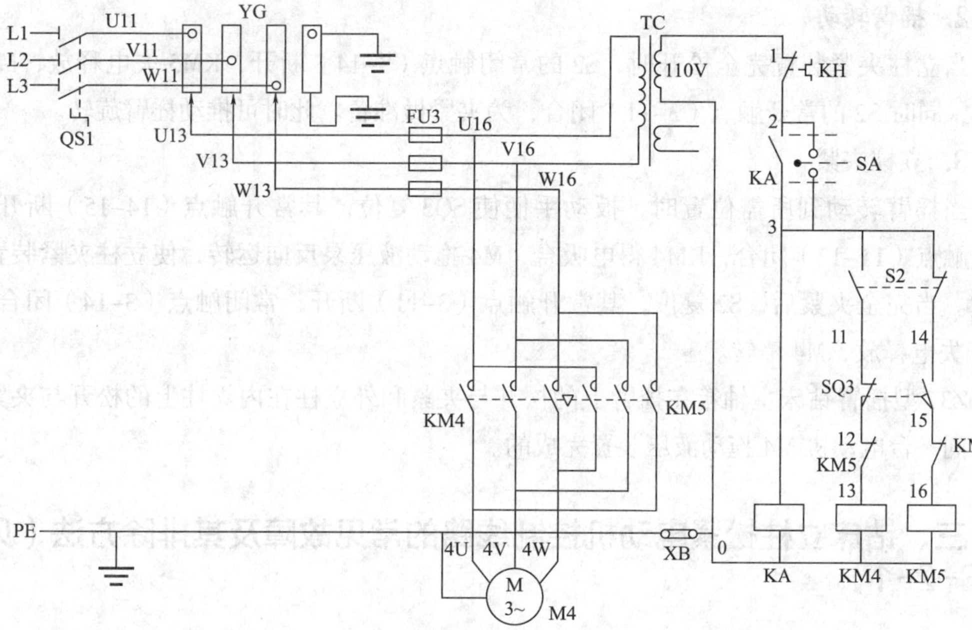

图 3-2-1 Z37 型摇臂钻床立柱松紧电动机控制线路

相关知识

一、钻床立柱松紧电动机的运动形式及控制要求

立柱松紧电动机拖动内立柱与外立柱、主轴箱与摇臂的松开与夹紧，要求能正反转，通过液压和电气联合控制。

二、钻床立柱松紧电动机控制线路的工作原理

Z37 型摇臂钻床立柱松紧电动机控制线路如图 3-2-1 所示。

立柱松紧电动机 M4 由接触器 KM4 和 KM5 控制，熔断器 FU3 作短路保护。

钻床正常工作时，外立柱夹紧在内立柱上。要使摇臂和外立柱绕内立柱转动，应先将外立柱松开。立柱的松开与夹紧是通过立柱松紧电动机 M4 正反转拖动液压装置来完成的。立柱松紧电动机 M4 正反转由组合开关 S2、行程开关 SQ3、接触器 KM4 和 KM5 来实现，行程开关 SQ3 则是由主轴箱与摇臂夹紧的机械手柄操作的。立柱松开与夹紧的控制过程如下：

1．立柱松开

扳动手柄使 SQ3 的常开触点（14–15）闭合，KM5 得电吸合，M4 拖动液压泵工作，使立柱夹紧装置松开。

2. 摇臂转动

当立柱夹紧装置完全松开时，S2 的常闭触点（3–14）断开，KM5 失电释放，M4 停转，同时 S2 的常开触点（3–11）闭合，为夹紧做准备。此时可推动摇臂旋转。

3. 立柱夹紧

当摇臂转动到所需位置时，扳动手柄使 SQ3 复位，其常开触点（14–15）断开，常闭触点（11–12）闭合，KM4 得电吸合，M4 拖动液压泵反向运转，使立柱夹紧装置夹紧。当完全夹紧后，S2 复位，其常开触点（3–11）断开，常闭触点（3–14）闭合，KM4 失电释放，M4 停转。

Z37 型摇臂钻床主轴箱在摇臂上的松开与夹紧和外立柱在内立柱上的松开与夹紧是由同一台电动机 M4 拖动液压装置完成的。

三、钻床立柱松紧电动机控制线路的常见故障及其排除方法（见表 3–2–1）

表 3–2–1　钻床立柱松紧电动机控制线路的常见故障及其排除方法

故障现象	主要故障点	检修排除方法
M4 只能松开不能夹紧	S2 触点接触不良或不动作	修复或更换 S2
	SQ3 触点接触不良或不能复位	修复或更换 SQ3
	KM4 主触点接触不良或接线脱落	修复或更换 KM4，接好脱落线
	KM4 线圈接触不良或接线脱落	修复或更换 KM4，接好脱落线
	KM5 辅助常闭触点接触不良或接线脱落	修复或更换 KM5，接好脱落线

四、钻床立柱松紧电动机只能松开不能夹紧故障的检修流程（见图 3–2–2）

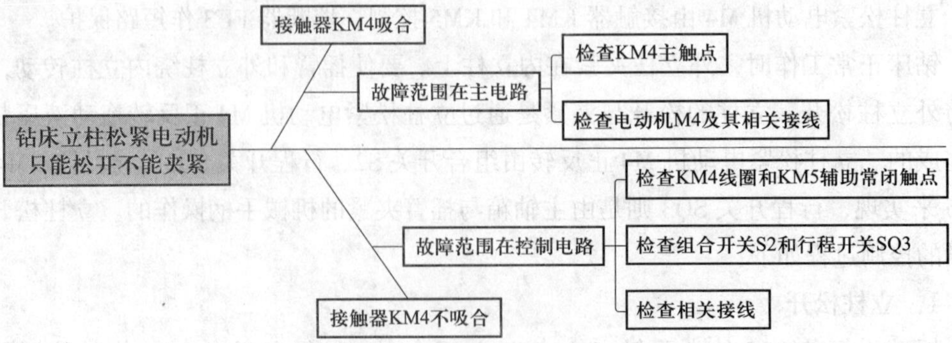

图 3–2–2　钻床立柱松紧电动机只能松开不能夹紧故障的检修流程

任务实施

一、准备工具和材料

按表 3-2-2 准备所需工具和材料。

表 3-2-2 工具、材料清单

<table>
<tr><td>工具</td><td colspan="5">电工通用工具（1 套）、专用工具（如手电钻、压线钳、各种扳手等）</td></tr>
<tr><td>仪表</td><td colspan="5">ZC25-3 型兆欧表（500 V）、MG3-1 型钳形电流表、MF47 型万用表</td></tr>
<tr><td>资料</td><td colspan="5">任务单、出厂资料、维修档案、施工图纸、维修计划模板、维修记录模板、电工安全操作规程、电工手册、电气装置安装工程施工及验收规范等</td></tr>
<tr><td>材料</td><td colspan="5">导线、控制器件、保护器件、线槽、线管、绝缘材料、劳保用品、安全警示牌、警戒围栏</td></tr>
<tr><td rowspan="12">器材</td><td>代号</td><td>名称</td><td>型号</td><td>规格</td><td>数量</td></tr>
<tr><td>KM4</td><td>交流接触器</td><td>CJ10-10</td><td>10 A、线圈电压 110 V</td><td>1</td></tr>
<tr><td>KM5</td><td>交流接触器</td><td>CJ10-10</td><td>10 A、线圈电压 110 V</td><td>1</td></tr>
<tr><td>FU3</td><td>熔断器</td><td>RL1-15/5</td><td>15 A、熔体 5 A</td><td>3</td></tr>
<tr><td>M4</td><td>立柱松紧电动机</td><td>Y802-4</td><td>0.75 kW、1 390 r/min</td><td>1</td></tr>
<tr><td>YG</td><td>汇流排</td><td>—</td><td>—</td><td>1</td></tr>
<tr><td>SA</td><td>十字开关</td><td>定制</td><td>—</td><td>1</td></tr>
<tr><td>KA</td><td>中间继电器</td><td>JZ7-44</td><td>线圈电压 110 V</td><td>1</td></tr>
<tr><td>QS1</td><td>组合开关</td><td>HZ2-25/3</td><td>25 A</td><td>1</td></tr>
<tr><td>TC</td><td>控制变压器</td><td>BK-150</td><td>150 V·A、380 V/110 V、24 V</td><td>1</td></tr>
<tr><td>SQ3</td><td>行程开关</td><td>LX5-11</td><td>—</td><td>1</td></tr>
<tr><td>S2</td><td>组合开关</td><td>HZ4-21</td><td>—</td><td>1</td></tr>
</table>

二、检修故障

1. 观察故障现象

立柱松紧电动机 M4 只能松开，不能夹紧。

2. 确定故障范围并查找故障点

立柱的松开与夹紧是由立柱松紧电动机 M4 配合液压装置完成的，当夹紧装置完全松开时，组合开关 S2 的常闭触点（3-14）断开，接触器 KM5 失电释放，立柱松紧电动机 M4 停转，同时 S2 的常开触点（3-11）闭合，为夹紧做好准备。当摇臂转动到所需位置时，只需扳动手柄使行程开关 SQ3 复位，其常开触点（14-15）断开，而常闭触点（11–12）闭合，使接触器 KM4 得电吸合，立柱松紧电动机 M4 带动液压泵反向运转，就可以完成立柱的夹紧动作。

因此，立柱松紧电动机 M4 只能松开，不能夹紧时，应检查接触器 KM4 和 KM5、行程开关 SQ3、组合开关 S2 的触点是否接触良好、有无移位或熔焊现象，相关接线是否可靠、有无接触不良或脱落等现象。同时，还要配合液压装置协调处理。

3. 排除故障

（1）在有故障的钻床上或人为设置自然故障点的钻床上，由教师进行示范检修，边分析边检查，直至故障排除。

（2）由教师设置已知故障点，在教师指导下从故障现象着手进行分析，采用正确的检查步骤和检修方法进行检修。

任务 3　Z37 型摇臂钻床摇臂不能上升或下降故障维修

学习目标

1. 熟悉钻床摇臂升降电动机的运动形式及控制要求。
2. 掌握钻床摇臂升降电动机控制线路的工作原理。
3. 熟悉钻床摇臂升降电动机控制线路的常见故障及其排除方法。
4. 掌握钻床摇臂不能上升或下降故障的检修流程，能正确排除故障。

任务引入

某加工厂生产车间的 Z37 型摇臂钻床摇臂不能上升或下降，经维修班组长初步检查，判断为电气故障，需要对该设备控制线路进行检修。Z37 型摇臂钻床摇臂升降电动机控制线路如图 3–3–1 所示。

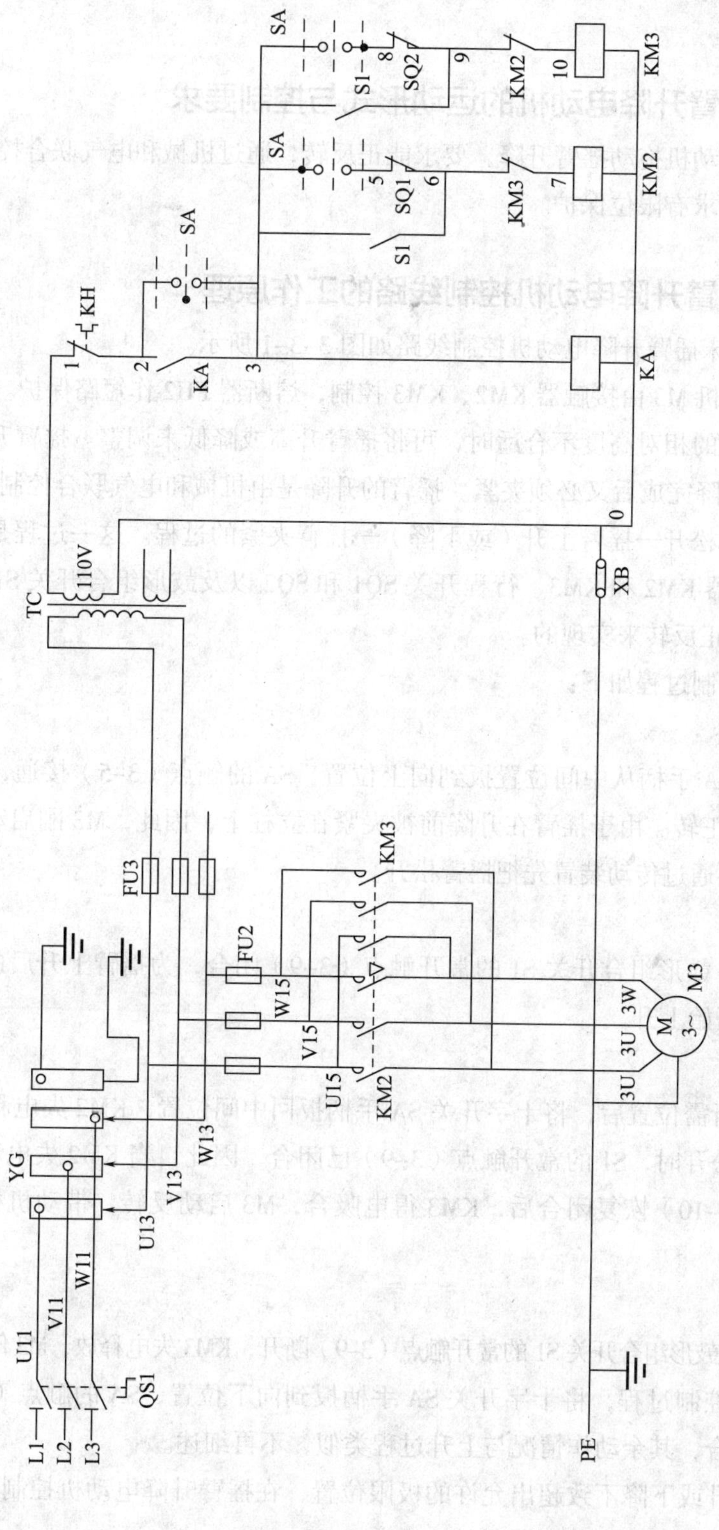

图 3-3-1 Z37 型摇臂钻床摇臂升降电动机控制线路

相关知识

一、钻床摇臂升降电动机的运动形式与控制要求

1. 摇臂升降电动机拖动摇臂升降，要求能正反转，通过机械和电气联合控制。

2. 摇臂升降要求有限位保护。

二、钻床摇臂升降电动机控制线路的工作原理

Z37 型摇臂钻床摇臂升降电动机控制线路如图 3-3-1 所示。

摇臂升降电动机 M3 由接触器 KM2、KM3 控制，熔断器 FU2 作短路保护。

当工件与钻头的相对高度不合适时，可将摇臂升高或降低来调整。摇臂升降前必须将摇臂松开，升降完成后又必须夹紧。摇臂的升降是由机械和电气联合控制完成的，能够自动完成摇臂松开→摇臂上升（或下降）→摇臂夹紧的过程。这一过程是通过十字开关 SA、接触器 KM2 和 KM3、行程开关 SQ1 和 SQ2 以及鼓形组合开关 S1 控制摇臂升降电动机 M3 正反转来实现的。

摇臂上升的控制过程如下：

1．摇臂松开

将十字开关 SA 手柄从中间位置扳到向上位置，SA 的触点（3–5）接通，KM2 得电吸合，M3 启动正转。由于摇臂在升降前被夹紧在立柱上，因此，M3 刚启动时，摇臂不会上升，需要通过传动装置先把摇臂松开。

2．摇臂上升

摇臂松开后，鼓形组合开关 S1 的常开触点（3–9）闭合，为摇臂上升后的夹紧做准备，随后摇臂开始上升。

3．摇臂夹紧

摇臂上升到所需位置后，将十字开关 SA 手柄扳回中间位置，KM2 失电释放，M3 停转。由于摇臂松开时，S1 的常开触点（3–9）已闭合，因此，当 KM2 失电释放，其辅助常闭触点（9–10）恢复闭合后，KM3 得电吸合，M3 启动反转，带动机械夹紧机构将摇臂夹紧。

4．上升结束

摇臂夹紧后，鼓形组合开关 S1 的常开触点（3–9）断开，KM3 失电释放，M3 停转。

摇臂下降的控制过程，将十字开关 SA 手柄扳到向下位置，SA 的触点（3–8）接通，KM3 得电吸合，其余动作情况与上升过程类似，不再细述。

为使摇臂上升或下降不致超出允许的极限位置，在摇臂升降电动机控制线路中分别串入行程开关 SQ1 和 SQ2 作限位保护。

三、钻床摇臂升降电动机控制线路的常见故障及其排除方法（见表 3-3-1）

表 3-3-1　钻床摇臂升降电动机控制线路的常见故障及其排除方法

故障现象	主要故障点	检修排除方法
M3 不能启动	QS1 接触不良或损坏	修复或更换 QS1
	FU2、FU3 熔断	更换同型号熔体，并检查熔断原因
	KH 常闭触点接触不良或过载脱扣	修复或更换 KH
	KM2、KM3 线圈损坏、触点接触不良或损坏	修复或更换 KM2、KM3
	SA 接触不良或损坏	修复或更换 SA
	SA 的触点（2–3）和 KA 的常开触点未闭合	修复或更换 SA、KA
	SQ1、SQ2 接触不良或损坏	修复或更换 SQ1、SQ2
	S1 接触不良或损坏	修复或更换 S1
	M3 本身故障	修复或更换 M3

四、钻床摇臂不能上升或下降故障的检修流程（见图 3-3-2）

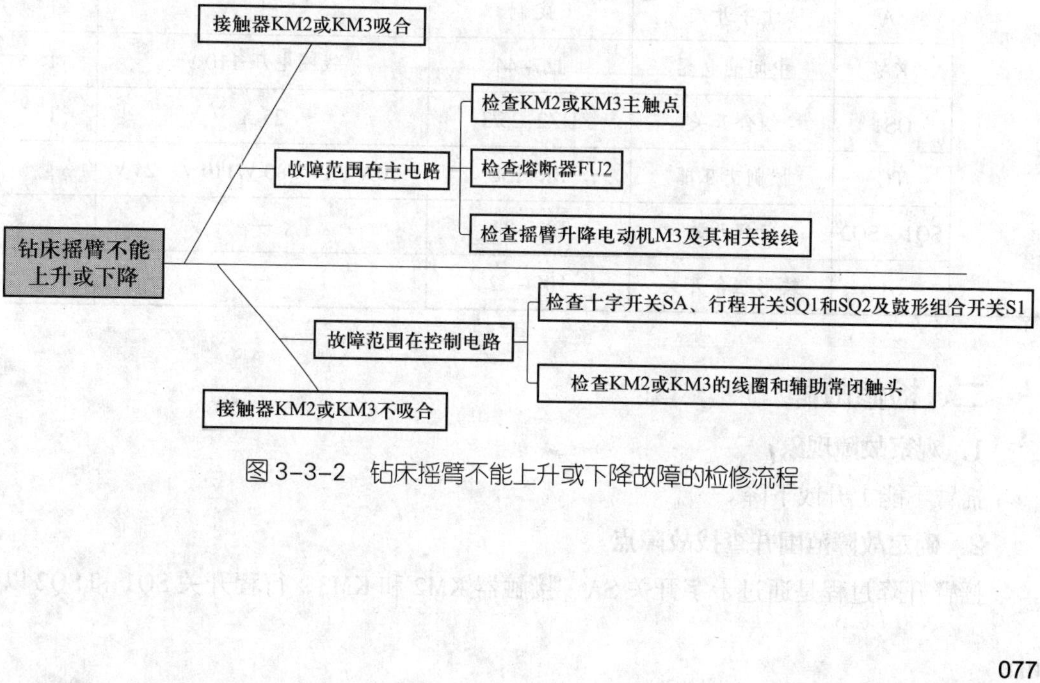

图 3-3-2　钻床摇臂不能上升或下降故障的检修流程

任务实施

一、准备工具和材料

按表 3–3–2 准备所需工具和材料。

表 3–3–2　工具、材料清单

<table>
<tr><td>工具</td><td colspan="5">电工通用工具（1 套）、专用工具（如手电钻、压线钳、各种扳手等）</td></tr>
<tr><td>仪表</td><td colspan="5">ZC25–3 型兆欧表（500 V）、MG3–1 型钳形电流表、MF47 型万用表</td></tr>
<tr><td>资料</td><td colspan="5">任务单、出厂资料、维修档案、施工图纸、维修计划模板、维修记录模板、电工安全操作规程、电工手册、电气装置安装工程施工及验收规范等</td></tr>
<tr><td>材料</td><td colspan="5">导线、控制器件、保护器件、线槽、线管、绝缘材料、劳保用品、安全警示牌、警戒围栏</td></tr>
<tr><td rowspan="14">器材</td><td>代号</td><td>名称</td><td>型号</td><td>规格</td><td>数量</td></tr>
<tr><td>KM2</td><td>交流接触器</td><td>CJ10–10</td><td>10 A、线圈电压 110 V</td><td>1</td></tr>
<tr><td>KM3</td><td>交流接触器</td><td>CJ10–10</td><td>10 A、线圈电压 110 V</td><td>1</td></tr>
<tr><td>FU2</td><td>熔断器</td><td>RL1–15/15</td><td>15 A、熔体 15 A</td><td>3</td></tr>
<tr><td>FU3</td><td>熔断器</td><td>RL1–15/5</td><td>15 A、熔体 5 A</td><td>3</td></tr>
<tr><td>M3</td><td>摇臂升降电动机</td><td>Y100L2–4</td><td>3 kW、1 440 r/min</td><td>1</td></tr>
<tr><td>YG</td><td>汇流排</td><td>—</td><td>—</td><td>1</td></tr>
<tr><td>SA</td><td>十字开关</td><td>定制</td><td>—</td><td>1</td></tr>
<tr><td>KA</td><td>中间继电器</td><td>JZ7–44</td><td>线圈电压 110 V</td><td>1</td></tr>
<tr><td>QS1</td><td>组合开关</td><td>HZ2–25/3</td><td>25 A</td><td>1</td></tr>
<tr><td>TC</td><td>控制变压器</td><td>BK–150</td><td>150 V · A、380 V/110 V、24 V</td><td>1</td></tr>
<tr><td>SQ1、SQ2</td><td>行程开关</td><td>LX5–11</td><td>—</td><td>2</td></tr>
<tr><td>S1</td><td>鼓形组合开关</td><td>HZ4–22</td><td>—</td><td>1</td></tr>
</table>

二、检修故障

1．观察故障现象

摇臂不能上升或下降。

2．确定故障范围并查找故障点

摇臂升降过程是通过十字开关 SA、接触器 KM2 和 KM3、行程开关 SQ1 和 SQ2 以及鼓形组合开关S1控制摇臂升降电动机M3正反转来实现的。摇臂不能上升或下降，首先检查接触器KM2或KM3是否吸合，若KM2或KM3吸合，则说明故障发生在主电路，应检查KM2或KM3主触点、熔断器FU2、摇臂升降电动机M3及其相关接线；若KM2或KM3不吸合，则说明故障发生在控制电路，应检查KM2或KM3的线圈和辅助常闭触点、十字开关SA、行程开关SQ1和SQ2以及鼓形组合开关S1。

3．排除故障

（1）在有故障的钻床上或人为设置自然故障点的钻床上，由教师进行示范检修，边分析边检查，直至故障排除。

（2）由教师设置已知故障点，在教师指导下从故障现象着手进行分析，采用正确的检查步骤和检修方法进行检修。

任务4 Z37型摇臂钻床电气控制线路综合故障维修

学习目标

1．熟悉Z37型摇臂钻床的运动形式及控制要求。

2．掌握Z37型摇臂钻床控制线路的工作原理。

3．熟悉Z37型摇臂钻床控制线路的常见故障及其排除方法。

4．掌握Z37型摇臂钻床电气控制线路常见故障的检修流程，能正确排除故障。

任务引入

在使用过程中，由于电器元件老化、损坏或操作不当等原因，某加工厂生产车间的Z37型摇臂钻床电气控制线路出现故障，导致钻床不能正常工作，影响生产加工，需要由电气维修人员对设备进行故障诊断，确定故障类型，分析故障原因，查找故障点，并排除故障，以恢复设备的正常使用性能。Z37型摇臂钻床电气控制线路如图3–4–1所示。

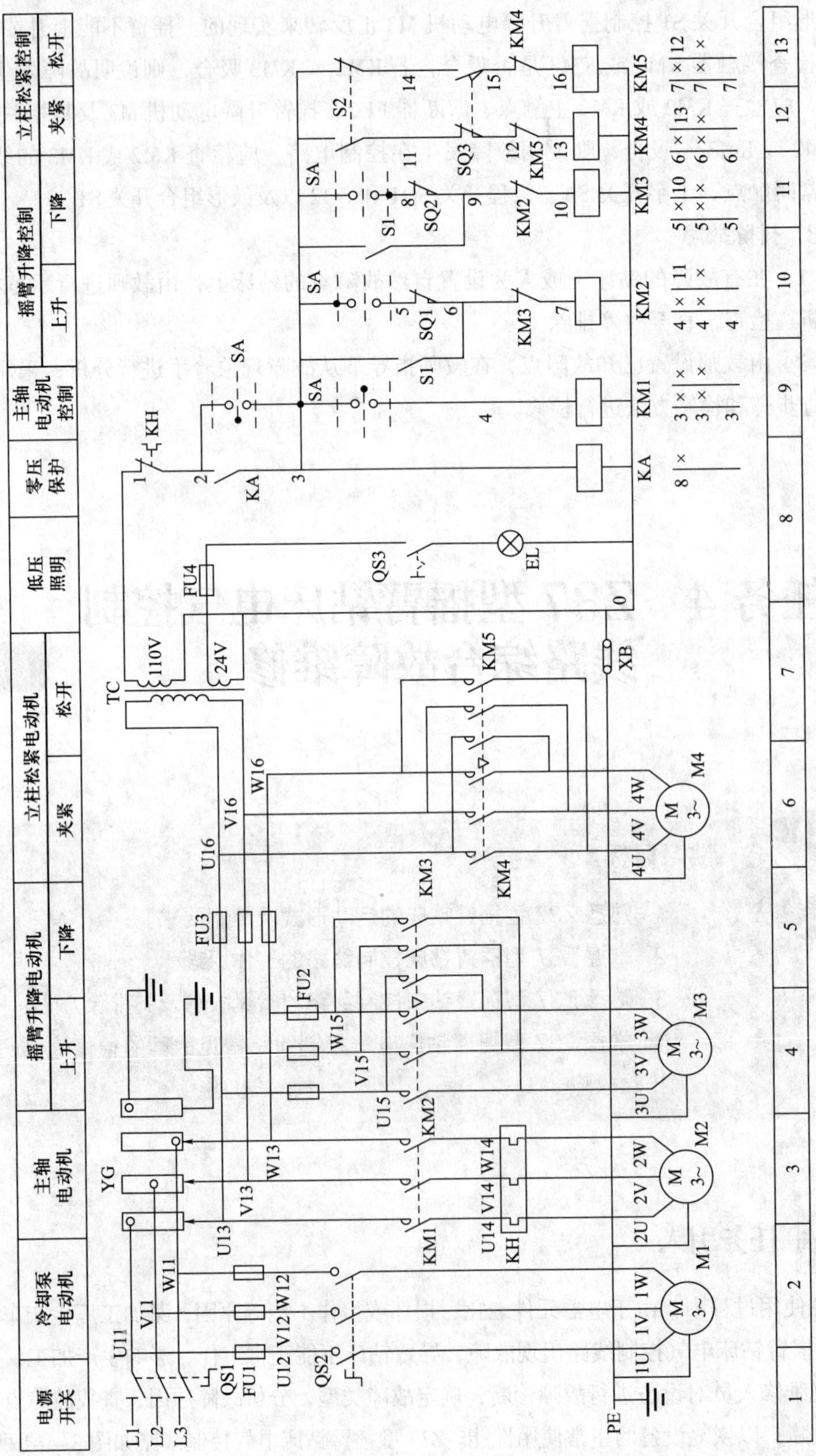

图 3-4-1　Z37 型摇臂钻床电气控制线路

相关知识

一、Z37 型摇臂钻床的主要运动形式及控制要求

1. 摇臂钻床的主运动是主轴带动钻头的旋转运动，主轴电动机拖动钻削及进给运动，只要求单向旋转。主轴的正反转通过正反转摩擦离合器实现。

2. 立柱松紧电动机拖动内立柱与外立柱、主轴箱与摇臂的松开与夹紧，要求能正反转，通过液压和电气联合控制。

3. 摇臂升降电动机拖动摇臂升降，要求能正反转，通过机械和电气联合控制。摇臂升降要求有限位保护。

4. 摇臂钻床的各种工作状态都通过十字开关操作，为防止十字开关手柄停在某一工作位置时，因接通电源而产生误动作，在控制线路中设有零压保护环节。

5. 在内立柱上装有整台机床的电源引入盘，因摇臂要绕内立柱转动，故电源通过汇流排引入。

6. 钻削加工时，需要对刀具及工件进行冷却，由冷却泵电动机输送切削液。

二、Z37 型摇臂钻床电气控制线路工作原理分析

Z37 型摇臂钻床电气控制线路如图 3–4–1 所示，该线路分为主电路、控制电路和照明电路三部分。

1．主电路分析

Z37 型摇臂钻床共有 4 台三相交流异步电动机：冷却泵电动机 M1、主轴电动机 M2、摇臂升降电动机 M3、立柱松紧电动机 M4。

摇臂钻床的三相电源通过组合开关 QS1 和汇流排 YG 引入。冷却泵电动机 M1 由组合开关 QS2 控制，熔断器 FU1 作短路保护。主轴电动机 M2 由接触器 KM1 控制，热继电器 KH 作过载保护。摇臂升降电动机 M3 由接触器 KM2、KM3 控制，熔断器 FU2 作短路保护。立柱松紧电动机 M4 由接触器 KM4、KM5 控制，熔断器 FU3 作短路保护。

2．控制电路分析

控制电路的电源由控制变压器 TC 二次侧输出 110 V 电压提供。

（1）主轴电动机 M2 的控制。主轴电动机 M2 的启停由接触器 KM1 和十字开关 SA 控制。首先，将十字开关 SA 手柄扳到左边位置，SA 的触点（2–3）闭合，中间继电器 KA 得电吸合并自锁，为控制电路接通电源。其次，将十字开关 SA 手柄扳到右边位置，SA 的触点（2–3）断开、触点（3–4）闭合，接触器 KM1 得电吸合，主轴电动机 M2 启动。将十字开关 SA 手柄扳回中间位置，接触器 KM1 失电释放，主轴电动机 M2

停转。

（2）摇臂升降的控制。摇臂升降控制是在中间继电器 KA 得电吸合并自锁的前提下进行的，用来调整工件与钻头的相对高度。

摇臂的升降是由机械和电气联合控制完成的，这一过程是通过十字开关 SA、接触器 KM2 和 KM3、行程开关 SQ1 和 SQ2 以及鼓形组合开关 S1 控制摇臂升降电动机 M3 正反转来实现的。其控制过程如下：

扳动十字开关 SA 手柄向上（向下）→摇臂松开→摇臂上升（下降）→

扳动十字开关 SA 手柄回中间位置→摇臂夹紧→自动停止

（3）立柱松开与夹紧的控制。立柱的松开与夹紧是通过组合开关 S2、行程开关 SQ3、接触器 KM4 和 KM5 控制立柱松紧电动机 M4 的正、反转拖动液压装置来实现的。

3．照明电路分析

照明电路的电源由变压器 TC 将 380 V 交流电压降为 24 V 安全电压提供。照明灯 EL 由开关 QS3 控制，熔断器 FU4 作短路保护。

三、Z37 型摇臂钻床电气控制线路的常见故障及其排除方法（见表 3-4-1）

表 3-4-1　Z37 型摇臂钻床电气控制线路的常见故障及其排除方法

故障现象	主要故障点	检修排除方法
M2 不能启动	参见表 3-1-2	
M2 不能停止		
M4 不能启动	KM4 或 KM5 的辅助常闭触点或主触点接触不良	修复或更换 KM4、KM5
	S2 和 SQ3 故障	修复或更换 S2、SQ3
立柱在夹紧或松开后不能切断 M4 的电源（即 M4 不能停车）	KM4 或 KM5 的主触点熔焊	修复或更换 KM4、KM5
	SQ3 的常开或常闭触点短路或熔焊	修复或更换 SQ3
	S2 产生移动而导致其不能正确动作	修复或更换 S2
M3 不能启动	参见表 3-3-1	
摇臂上升或下降后不能完全夹紧	S1 动触点的夹紧螺栓松动造成动触点位置偏移，不能按要求闭合；S1 动触点和静触点弯曲、磨损、接触不良等	修复 S1
摇臂升降后不能按要求停车	S1 常开触点（3-6）和（3-9）的闭合顺序颠倒	调整 S1 常开触点（3-6）和（3-9）的闭合顺序

四、Z37 型摇臂钻床电气控制线路常见故障的检修流程

1. 故障一：主轴电动机 M2 不能启动

检修流程见本课题任务 1。

2. 故障二：主轴电动机 M2 不能停止

检修流程如图 3-4-2 所示。

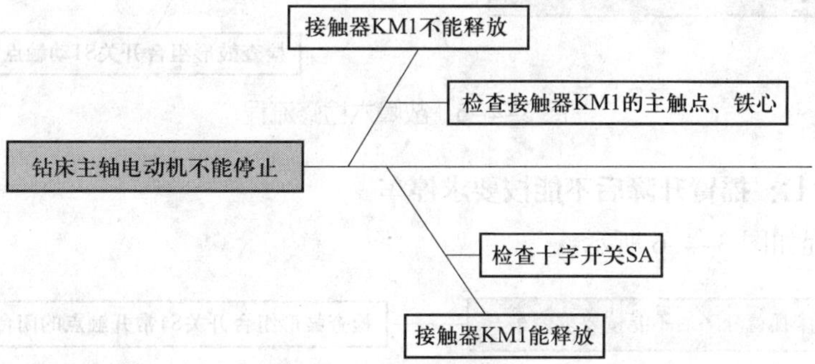

图 3-4-2 故障二检修流程

3. 故障三：立柱松紧电动机 M4 不能启动

检修流程如图 3-4-3 所示。

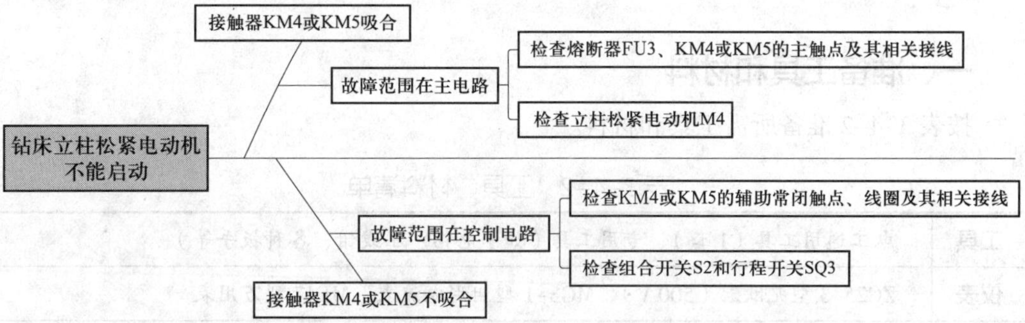

图 3-4-3 故障三检修流程

4. 故障四：立柱在夹紧或松开后不能切断立柱松紧电动机 M4 的电源（即 M4 不能停车）

检修流程如图 3-4-4 所示。

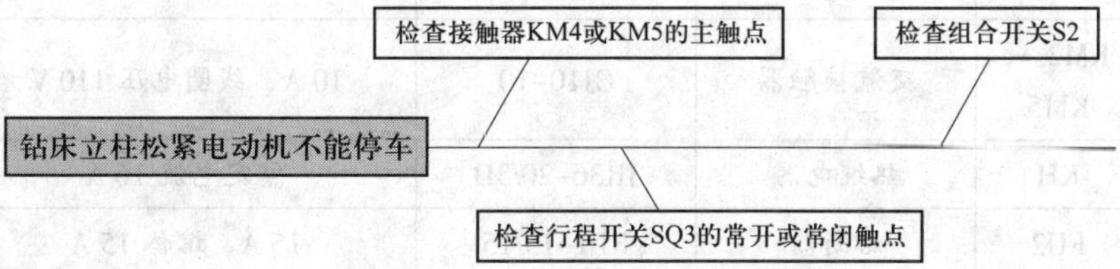

图 3-4-4 故障四检修流程

5. 故障五：摇臂升降电动机 M3 不能启动

检修流程见本课题任务 3。

6. 故障六：摇臂上升或下降后不能完全夹紧

检修流程如图 3-4-5 所示。

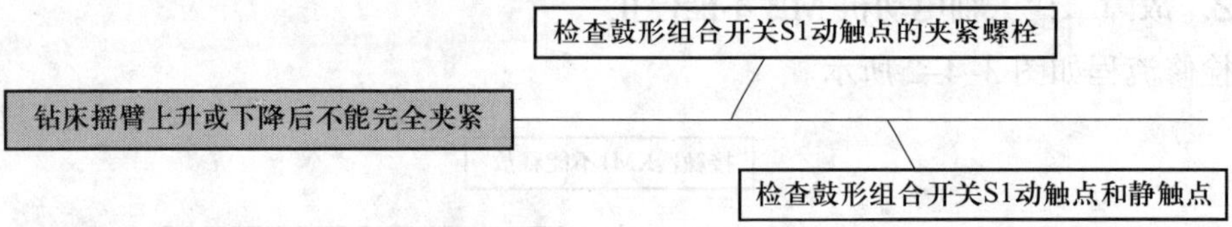

图 3-4-5 故障六检修流程

7. 故障七：摇臂升降后不能按要求停车

检修流程如图 3-4-6 所示。

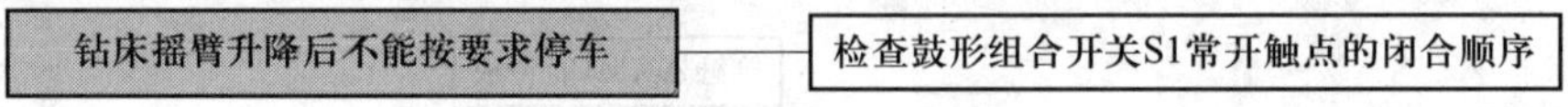

图 3-4-6 故障七检修流程

任务实施

一、准备工具和材料

按表 3-4-2 准备所需工具和材料。

表 3-4-2 工具、材料清单

<table>
<tr><td>工具</td><td colspan="5">电工通用工具（1 套）、专用工具（如手电钻、压线钳、各种扳手等）</td></tr>
<tr><td>仪表</td><td colspan="5">ZC25-3 型兆欧表（500 V）、MG3-1 型钳形电流表、MF47 型万用表</td></tr>
<tr><td>资料</td><td colspan="5">任务单、出厂资料、维修档案、施工图纸、维修计划模板、维修记录模板、电工安全操作规程、电工手册、电气装置安装工程施工及验收规范等</td></tr>
<tr><td>材料</td><td colspan="5">导线、控制器件、保护器件、线槽、线管、绝缘材料、劳保用品、安全警示牌、警戒围栏</td></tr>
<tr><td rowspan="6">器材</td><td>代号</td><td>名称</td><td>型号</td><td>规格</td><td>数量</td></tr>
<tr><td>KM1</td><td>交流接触器</td><td>CJ10-20</td><td>20 A、线圈电压 110 V</td><td>1</td></tr>
<tr><td>KM2 ~ KM5</td><td>交流接触器</td><td>CJ10-10</td><td>10 A、线圈电压 110 V</td><td>4</td></tr>
<tr><td>KH</td><td>热继电器</td><td>JR36-20/3D</td><td>整定电流 16 A</td><td>1</td></tr>
<tr><td>FU2</td><td>熔断器</td><td>RL1-15/15</td><td>15 A、熔体 15 A</td><td>3</td></tr>
<tr><td>FU3</td><td>熔断器</td><td>RL1-15/5</td><td>15 A、熔体 5 A</td><td>3</td></tr>
</table>

续表

	代号	名称	型号	规格	数量
器材	M1	冷却泵电动机	JCB–22–2	0.125 kW、2 790 r/min	1
	M2	主轴电动机	Y132M–4	7.5 kW、1 440 r/min	1
	M3	摇臂升降电动机	Y100L2–4	3 kW、1 440 r/min	1
	M4	立柱松紧电动机	Y802–4	0.75 kW、1 390 r/min	1
	SA	十字开关	定制	—	1
	KA	中间继电器	JZ7–44	线圈电压 110 V	1
	QS1	组合开关	HZ2–25/3	25 A	1
	TC	控制变压器	BK–150	150 V·A、380 V/110 V、24 V	1
	YG	汇流排	—	—	1
	SQ1、SQ2、SQ3	行程开关	LX5–11	—	3
	S1	鼓形组合开关	HZ4–22	—	1
	S2	组合开关	HZ4–21	—	1

二、检修故障

1. 故障一

（1）观察故障现象：钻床通电后，主轴电动机 M2 不能启动。

（2）确定故障范围、查找故障点和排除故障方法见本课题任务 1。

2. 故障二

（1）观察故障现象：主轴电动机 M2 不能停止。

（2）确定故障范围并查找故障点

1）检查控制主轴电动机的接触器 KM1 的主触点是否熔焊。

2）检查接触器 KM1 的铁心接触面是否变形、有油污或剩磁粘住不能释放。

3）检查十字开关 SA 扳回中间位置后，是否由于触点粘连、弹簧失效未能断开或由于胶木炭化引起短路，使接触器 KM1 未能失电。

3. 故障三

（1）观察故障现象：立柱松紧电动机 M4 不能启动。

（2）确定故障范围并查找故障点

1）检查接触器 KM4 或 KM5 的辅助常闭触点或主触点是否接触不良。

2）检查熔断器 FU3 是否熔断。

3）检查行程开关 SQ3 的常开或常闭触点是否因经常通断被电弧烧损。

4）检查组合开关 S2 的常开或常闭触点是否接触不良。

5）检查立柱松紧电动机 M4 是否被烧毁或缺相运行。

4．故障四

（1）观察故障现象：立柱在夹紧或松开后不能切断立柱松紧电动机 M4 的电源（即立柱松紧电动机 M4 不能停车）。

（2）确定故障范围并查找故障点

1）检查接触器 KM4 或 KM5 的主触点是否熔焊。

2）检查行程开关 SQ3 的常开或常闭触点是否短路或熔焊。

3）检查组合开关 S2 是否产生移动而导致其不能正确动作。

5．故障五

（1）观察故障现象：摇臂升降电动机 M3 不能启动。

（2）确定故障范围、查找故障点和排除故障方法见本课题任务 3。

6．故障六

（1）观察故障现象：摇臂上升或下降后不能完全夹紧。

（2）确定故障范围并查找故障点：故障原因通常是鼓形组合开关 S1 未按要求闭合。正常情况下，当摇臂上升到所需位置，将十字开关 SA 手柄扳到中间位置时，鼓形组合开关 S1 的常开触点（3–9）应早已接通，使接触器 KM3 得电吸合，摇臂升降电动机 M3 反转，摇臂会自动夹紧，夹紧后 S1 的常开触点（3–9）自动断开。若因 S1 触点位置偏移，使 S1 的常开触点（3–9）未按要求闭合，当上升结束后，接触器 KM2 线圈失电，其常闭触点虽已闭合，但是接触器 KM3 不能得电吸合，电动机 M3 就不能启动反转进行夹紧，所以，摇臂仍然处于松开状态。若摇臂上升完毕不能完全夹紧，而下降完毕能完全夹紧，则说明 S1 的常开触点（3–9）有故障；反之，则说明 S1 的常开触点（3–6）有故障。

此外，鼓形组合开关 S1 的动、静触点弯曲、磨损、接触不良等也会导致摇臂不能完全夹紧。

7．故障七

（1）观察故障现象：摇臂升降后不能按要求停车。

（2）确定故障范围并查找故障点：故障原因通常是鼓形组合开关 S1 的常开触点（3–6）和（3–9）的闭合顺序颠倒。正常情况下，将十字开关 SA 手柄扳到下面位置时，接触器 KM3 得电吸合，摇臂升降电动机 M3 启动反转，通过传动装置将摇臂松开、摇臂下降，此时鼓形组合开关 S1 的常开触点（3–6）应闭合，为摇臂下降后的夹紧做准备。如果鼓形组合开关 S1 调整不当，其常开触点（3–6）和（3–9）的闭合顺序颠倒，摇臂下降时，其常开触点（3–9）闭合，则将十字开关 SA 扳回中间位置时，不能切断接触器 KM3 的线圈电路，摇臂下降运动不能停止，甚至运动到极限位置仍不能使 KM3 失电释放，由此可能引起机械事故造成危险。

在掌握 Z37 型摇臂钻床电气控制线路常见故障的检修流程和方法后，由教师根据实际情况设置综合故障点，在教师指导下从故障现象着手进行分析，采用正确的检查步骤和检修方法自行独立进行检修，并做好维修记录。

拓展学习

Z3050 型摇臂钻床电气控制线路的检修

Z3050 型摇臂钻床的外形及结构如图 3-4-7 所示，主要由底座、外立柱、内立柱、摇臂、摇臂升降丝杠、主轴箱、工作台等部分组成。

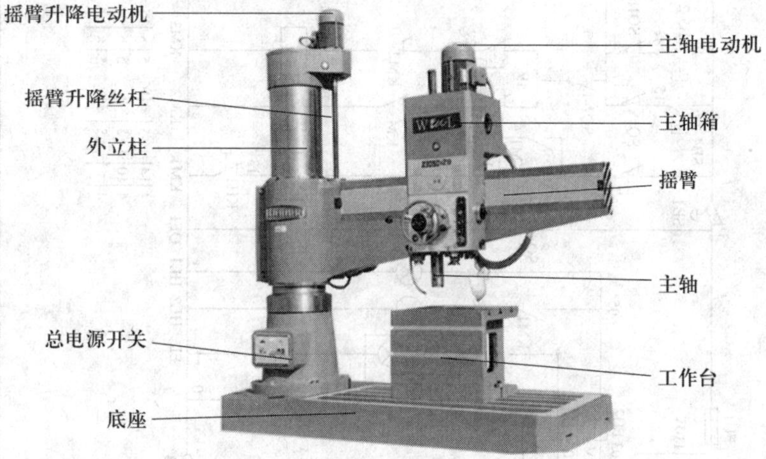

图 3-4-7　Z3050 型摇臂钻床的外形及结构

工作台用螺柱固定在底座上，工作台上面固定加工工件。内立柱也固定在底座上，外立柱套在内立柱上，用液压夹紧机构夹紧后，二者不能做相对运动；松开后，外立柱用手推动可绕内立柱旋转 360°。

Z3050 型摇臂钻床的型号含义如图 3-4-8 所示。

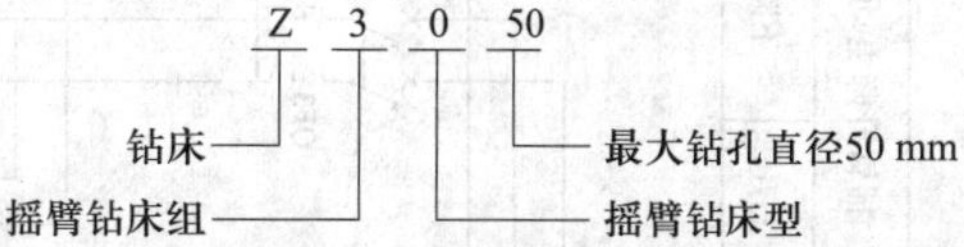

图 3-4-8　Z3050 型摇臂钻床的型号含义

Z3050 型摇臂钻床的主要运动形式如下：

（1）主运动：主轴带着钻头（刀具）的旋转运动。

（2）进给运动：主轴的垂直进给运动（手动或自动）。

（3）辅助运动：主轴箱沿摇臂的水平移动、摇臂沿外立柱的垂直移动、摇臂连同外立柱一起相对于内立柱的回转运动以及主轴箱和摇臂的松开与夹紧。

一、Z3050 型摇臂钻床电气控制线路的工作原理分析

Z3050 型摇臂钻床电气控制线路如图 3-4-9 所示。

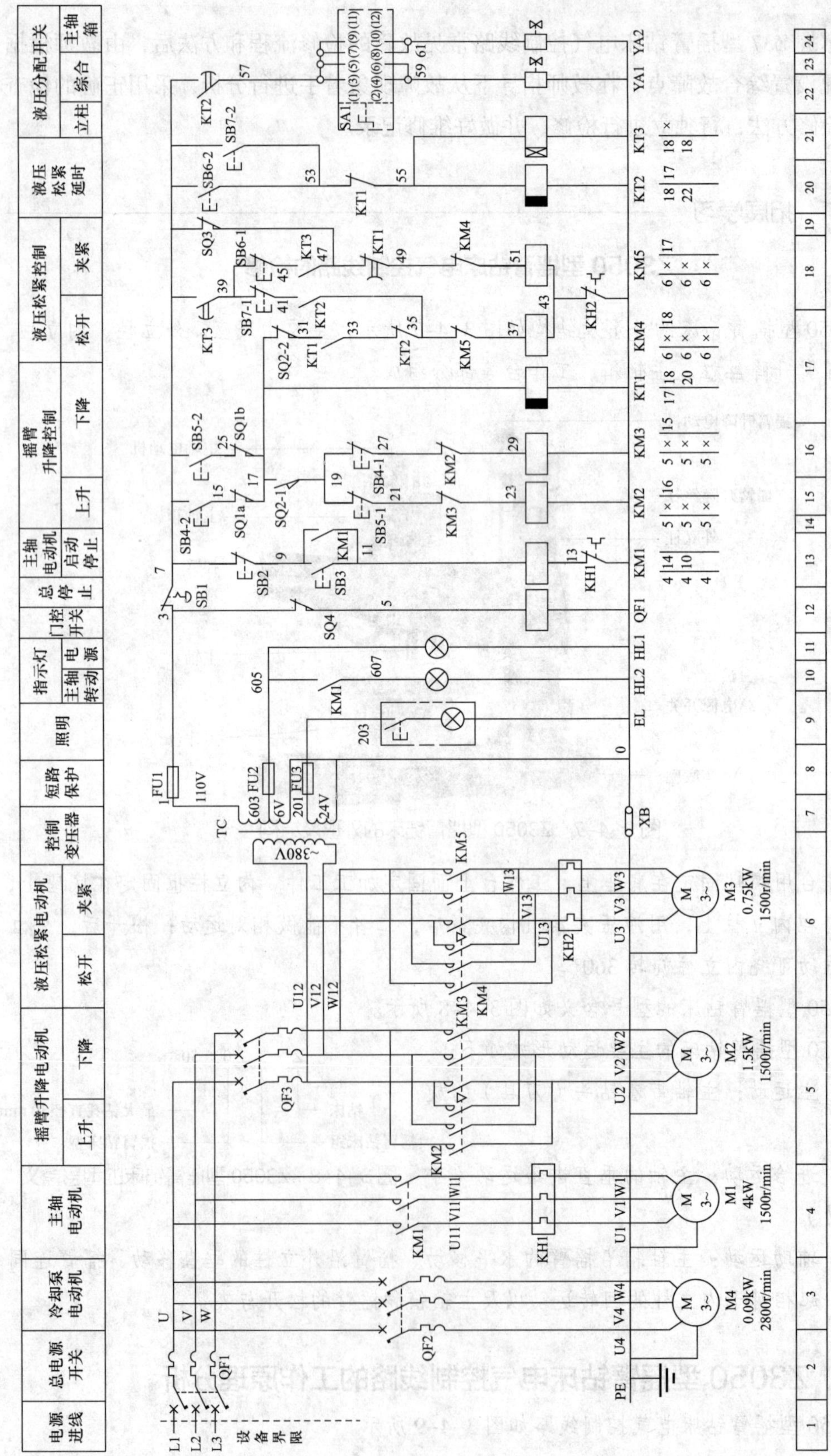

图3-4-9　Z3050型摇臂钻床电气控制线路

1. 主电路分析

主电路电源由断路器 QF1 作为总电源开关引入 380 V 交流电压提供。

Z3050 型摇臂钻床共有 4 台电动机。除冷却泵电动机采用断路器直接启动外，其余三台电动机均采用接触器直接启动。

M1 是主轴电动机，由接触器 KM1 控制，只要求单方向旋转，主轴的正反转由机械手柄操作。M1 安装在主轴箱顶部，拖动主轴及进给传动系统运转。热继电器 KH1 作过载及断相保护，断路器 QF1 的电磁脱扣器作短路保护。

M2 是摇臂升降电动机，由接触器 KM2 和 KM3 控制其正反转。由于 M2 是间断性工作，因此，未设过载保护装置。

M3 是液压松紧电动机，由接触器 KM4 和 KM5 控制其正反转，拖动油泵供给液压装置压力油，以实现摇臂、立柱及主轴箱的松开与夹紧。热继电器 KH2 作过载及断相保护。

摇臂升降电动机 M2 和液压松紧电动机 M3 共用断路器 QF3 的电磁脱扣器作短路保护。

M4 是冷却泵电动机，由断路器 QF2 直接控制，并实现短路、过载及断相保护。

电源配电盘在立柱前下部。冷却泵电动机 M4 安装在靠近立柱的底座上，摇臂升降电动机 M2 装于立柱顶部，其余电气设备置于主轴箱或摇臂上。由于 Z3050 型摇臂钻床内、外立柱间未装设汇流环，因此，在使用时，切勿沿一个方向连续转动摇臂，以免发生事故。

2. 控制电路分析

控制电路电源由控制变压器 TC 二次侧输出 110 V 电压提供，熔断器 FU1 作短路保护。

（1）开机前的准备。为保证操作安全，Z3050 型摇臂钻床具有“开门断电”功能。因此，开机前应将立柱下部和摇臂后部的电门盖关好，以能接通电源。合上总电源开关 QF1（2 区）和断路器 QF3（5 区），则电源指示灯 HL1（11 区）亮起，表示钻床的电气控制线路已进入带电状态。

（2）主轴电动机 M1 的控制。按下启动按钮 SB3(13 区)，接触器 KM1 得电吸合并自锁，主轴电动机 M1 启动运转，同时指示灯 HL2 亮起；按下停止按钮 SB2（13 区），KM1 失电释放，M1 停转，同时 HL2 熄灭。

（3）摇臂升降的控制。按下上升按钮 SB4 或下降按钮 SB5（15 区或 16 区），时间继电器 KT1 线圈（17 区）得电，其瞬时闭合的常开触点（17 区）闭合，接触器 KM4 线圈（17 区）得电，液压松紧电动机 M3 启动正转，供给压力油。压力油经分配阀体进入摇臂的松开油腔推动活塞移动，活塞推动菱形块将摇臂松开。同时，活塞杆通过弹簧片压下行程开关 SQ2，使其常闭触点（17 区）断开，常开触点（15 区）闭合。前者切断接触器 KM4 的线圈电路，KM4 主触点（6 区）断开，液压松紧电动机 M3 停转。后者使接触器 KM2 或 KM3 的线圈（15 区或 16 区）得电，KM2 或 KM3 的主触点（5 区）闭合接通摇臂升降电动机 M2 的电源，M2 启动旋转，带动摇臂上升或下降。如果此时摇臂尚未完全松开，则行程开关 SQ2 的常开触点不能闭合，KM2 或 KM3 的线圈不能得电，摇臂就不能上升或下降。

当摇臂上升或下降到所需位置时，松开按钮 SB4 或 SB5，则接触器 KM2 或 KM3 和时间继电器 KT1 失电释放，M2 停转，摇臂上升或下降停止。

由于时间继电器 KT1 失电释放，经 1～3 s 延时后，其延时闭合的动断触点（18 区）闭合，液压松紧电动机 M3 反转，压力油经分配阀进入摇臂的夹紧油腔将摇臂夹紧。摇臂夹紧后，活塞杆推动弹簧片压下行程开关 SQ3，其常闭触点（19 区）断开，接触器 KM5 失电释放，M3 停转，完成摇臂的松开→上升或下降→夹紧的整套动作。

组合开关 SQ1a（15 区）和 SQ1b（16 区）作为摇臂升降的超限程限位保护。当摇臂上升到极限位置时，压下 SQ1a 使其断开，接触器 KM2 失电释放，M2 停转，摇臂停止上升；当摇臂下降到极限位置时，压下 SQ1b 使其断开，接触器 KM3 失电释放，M2 停转，摇臂停止下降。

摇臂的自动夹紧由行程开关 SQ3 控制。如果液压夹紧系统出现故障，不能自动夹紧摇臂，或者由于 SQ3 调整不当，摇臂夹紧后不能使 SQ3 的常闭触点断开，都会使液压松紧电动机 M3 因长期过载运转而损坏。因此，在电路中设有热继电器 KH2，其整定值应根据液压松紧电动机 M3 的额定电流进行整定。

摇臂升降电动机 M2 的正反转控制接触器 KM2 和 KM3 不允许同时得电动作，以防电源相间短路。为避免因操作失误、主触点熔焊等造成短路事故，在摇臂上升和下降的控制电路中采用了接触器联锁和复合按钮联锁，以确保电路安全工作。

（4）立柱和主轴箱的松开或夹紧既可以同时进行，也可以单独进行，由转换开关 SA1（22—24 区）和复合按钮 SB6 或 SB7（20 区或 21 区）进行控制。SA1 有三个位置，扳到中间位置时，立柱和主轴箱的松开或夹紧同时进行；扳到左侧位置时，进行立柱松开或夹紧；扳到右侧位置时，进行主轴箱松开或夹紧。复合按钮 SB6 是松开控制按钮，SB7 是夹紧控制按钮。

①立柱和主轴箱同时松开或夹紧控制。将转换开关 SA1 扳到中间位置，然后按下松开按钮 SB6，时间继电器 KT2、KT3 线圈（20 区、21 区）同时得电。KT2 延时断开的动合触点（22 区）瞬时闭合，电磁铁 YA1、YA2 得电吸合。而 KT3 延时闭合的动合触点（18 区）经 1～3 s 延时后闭合，接触器 KM4 得电吸合，液压松紧电动机 M3 正转，压力油进入立柱和主轴箱的松开油腔，使立柱和主轴箱同时松开。

松开 SB6，时间继电器 KT2、KT3 失电释放，KT3 延时闭合的动合触点（18 区）瞬时断开，接触器 KM4 失电释放，液压松紧电动机 M3 停转。KT2 延时断开的动合触点（22 区）经 1 ~ 3 s 延时后断开，电磁铁 YA1、YA2 失电释放，立柱和主轴箱同时松开的操作结束。

立柱和主轴箱同时夹紧的工作原理与松开类似，只要按下夹紧按钮 SB7，使接触器 KM5 得电吸合，液压松紧电动机 M3 反转即可。

②立柱和主轴箱单独松开或夹紧。如果需要单独控制主轴箱，可将转换开关 SA1 扳到右侧位置。按下按钮 SB6 或 SB7，时间继电器 KT2、KT3 线圈同时得电，这时只有电磁铁 YA2 单独得电吸合，液压松紧电动机 M3 正转或反转，从而实现主轴箱单独松开或夹紧。

松开按钮 SB6 或 SB7，时间继电器 KT2、KT3 失电释放，液压松紧电动机 M3 停转，电磁铁 YA2 失电释放，主轴箱单独松开或夹紧的操作结束。

同理，把转换开关 SA1 扳到左侧位置，则实现立柱单独松开或夹紧。

因为立柱和主轴箱的松开与夹紧是短时间的调整工作，所以采用点动控制。

（5）冷却泵电动机 M4 的控制。扳动断路器 QF2，就可以接通或断开电源，控制冷却泵电动机 M4 的启动或停止。

3. 照明与指示电路分析

照明与指示电路的电源由控制变压器 TC 二次侧输出 24 V、6 V 电压提供，熔断器 FU3、FU2 作短路保护，EL 是照明灯，HL1 是电源指示灯，HL2 是主轴转动指示灯。

Z3050 型摇臂钻床的电器元件明细表见表 3–4–3。

表 3–4–3　Z3050 型摇臂钻床的电器元件明细表

代号	名称	型号	规格	数量	用途
M1	主轴电动机	Y112M–4	4 kW、1 500 r/min	1	驱动主轴及进给
M2	摇臂升降电动机	Y90L–4	1.5 kW、1 500 r/min	1	驱动摇臂升降
M3	液压松紧电动机	Y802–4	0.75 kW、1 500 r/min	1	驱动液压系统
M4	冷却泵电动机	AOB–25	90 W、2 800 r/min	1	驱动冷却泵
KM1	交流接触器	CJ10–20B	线圈电压 110 V	1	控制主轴电动机
KM2 ~ KM5	交流接触器	CJ10–10B	线圈电压 110 V	4	控制 M2、M3 正反转
FU1 ~ FU3	熔断器	BZ–001A	2 A	3	控制、指示、照明电路的短路保护
KT1、KT2	时间继电器	JJSK2–4	线圈电压 110 V	2	—
KT3	时间继电器	JJSK2–2	线圈电压 110 V	1	—

续表

代号	名称	型号	规格	数量	用途
KH1	热继电器	JR36-20/3D	6.8 ~ 11 A	1	M1 过载保护
KH2	热继电器	JR36-20/3D	1.5 ~ 2.4 A	1	M3 过载保护
QF1	断路器	DZ5-20/330FSH	10 A	1	总电源开关
QF2	断路器	DZ5-20/330H	0.3 ~ 0.45 A	1	M4 控制开关
QF3	断路器	DZ5-20/330H	6.5 A	1	M2、M3 电源开关
YA1、YA2	交流电磁铁	MFJ1-3	线圈电压 110 V	2	液压分配
TC	控制变压器	BK-150	380 V/110 V、24 V、6 V	1	控制、指示、照明电路供电
SB1	按钮	LAY3-11	红色	1	总停止开关
SB2	按钮	LAY3-11D	—	1	主轴电动机停止
SB3	按钮	LAY3-11	绿色	1	主轴电动机启动
SB4	按钮	LAY3-11	—	1	摇臂上升
SB5	按钮	LAY3-11	—	1	摇臂下降
SB6	按钮	LAY3-11	—	1	松开控制
SB7	按钮	LAY3-11	—	1	夹紧控制
SQ1	组合开关	HZ4-22	—	1	摇臂升降限位
SQ2、SQ3	行程开关	LX5-11	—	2	摇臂松紧限位
SQ4	门控开关	JWM6-11	—	1	门控
SA1	万能转换开关	LW6-2/8071	—	1	液压分配开关
HL1	指示灯	XD1	6 V、白色	1	电源指示
HL2	指示灯	XD1	6 V	1	主轴转动指示
EL	照明灯	JC-25	40 W、24 V	1	铣床照明

二、Z3050 型摇臂钻床电气控制线路常见故障的检修

Z3050 型摇臂钻床电气控制的特殊环节是摇臂升降、立柱和主轴箱的松开与夹紧。其工作过程是由电气、机械和液压系统紧密配合实现的。因此，在故障检修中，不仅要注意电气部分能否正常工作，还要注意电气部分与机械、液压部分的配合关系。

1. 故障现象：摇臂不能升降

故障分析：由摇臂升降的控制过程可知，摇臂升降电动机 M2 旋转，带动摇臂升降，其前提条件是使摇臂从立柱上完全松开后，活塞杆压合行程开关 SQ2。因此，发生上述故障时，首先，应检查行程开关 SQ2 是否动作，如果 SQ2 不动作，则常见故障为 SQ2 安装位置移动或损坏。若 SQ2 安装位置移动，则摇臂虽已松开，但活塞杆压不上 SQ2，摇臂就不能升降。此外，液压系统发生故障，使摇臂未完全松开，也会导致活塞杆压不上 SQ2，摇臂不能升降。由此可见，SQ2 的安装位置非常重要，排除故障时，应配合机械、液压调整好后紧固。

2. 故障现象：摇臂升降后不能夹紧

故障分析：由摇臂夹紧的控制过程可知，夹紧动作是由行程开关 SQ3 完成的，如果 SQ3 动作过早，就会导致摇臂尚未充分夹紧，液压松紧电动机 M3 就停转。常见的故障为 SQ3 安装位置不合适，或固定螺钉松动造成 SQ3 移位，致使 SQ3 在摇臂夹紧动作尚未完成时就被压上，M3 停转。

分析上述故障时，首先判断是液压系统故障（如活塞杆阀芯卡死或油路堵塞造成的夹紧力不够），还是电气系统故障。如果是电气系统故障，则应重新调整 SQ3 的动作距离，固定好螺钉。

3. 故障现象：立柱和主轴箱不能松开与夹紧

故障分析：立柱和主轴箱不能松开与夹紧的可能原因是油路堵塞、接触器 KM4 或 KM5 不能吸合。如果 KM4 或 KM5 不能吸合，则应检查按钮 SB6、SB7 接线是否良好。如果 KM4 或 KM5 能吸合，M3 能运转，则可排除电气系统故障，应由液压、机械维修人员检修油路，以确定油路是否发生故障。

4. 故障现象：摇臂上升或下降限位保护开关失灵

故障分析：组合开关 SQ1 的失灵分两种情况，一是组合开关 SQ1 损坏，SQ1 触点不能随开关动作而闭合或接触不良使线路断开，由此摇臂不能上升或下降；二是组合开关 SQ1 不能动作，触点熔焊，使线路始终处于接通状态，当摇臂上升或下降到极限位置后，摇臂升降电动机 M2 发生堵转，这时应立即松开按钮 SB4 或 SB5。根据上述故障原因，更换或修复失灵的组合开关 SQ1 即可。

5. 故障现象：按下 SB6，立柱和主轴箱能夹紧，但释放后就松开

故障分析：由于立柱和主轴箱的松开与夹紧机构都采用机械菱形块结构，因此，上述故障多为机械故障造成（可能是菱形块和承压块的角度方向装错，或者距离不适当；如果菱形块立不起来，则是夹紧力调得太大或夹紧液压系统压力不够所致），应由机械维修人员检修。

课题四
X62W 型卧式铣床电气控制线路维修

任务 1　X62W 型卧式铣床电气原理图测绘

学习目标

1. 熟悉电气原理图测绘的步骤。
2. 掌握电气原理图测绘的方法。
3. 熟悉电气原理图测绘的注意事项。
4. 掌握 X62W 型卧式铣床电气原理图的测绘流程。
5. 能正确测绘出 X62W 型卧式铣床电气原理图。

任务引入

某加工厂生产车间的 X62W 型卧式铣床发生故障，经维修班组长初步检查，判断为电气故障，需要对该设备电气控制线路进行检修。因图纸不全，需要由维修人员测绘一份电气原理图。维修人员根据现有的电气控制电路、机械控制电路和电气设备进行现场测绘，经过整理后绘制出电气原理图。

相关知识

一、电气原理图测绘的步骤

电气原理图测绘是根据电气装置进行现场观察、测量绘制，然后经过整理测绘出安装接线图和电气控制线路图。电气测绘的步骤如下：

1．全面了解测绘对象

在测绘前，先要全面了解机床的基本结构和运动形式，明确哪些运动属于电气控制，哪些运动属于机械传动，哪些运动属于液压传动，液压传动中电磁阀的动作情况如何，电气控制中哪些需要联锁、限位等电气保护措施。

2．准备测量工具和测量仪器

根据测绘需要，准备相应的测量工具和测量仪器等。

3．通电试车，进一步熟悉机床的运动情况

在熟悉机械动作情况的同时，让机床的操作者开动机床，展示各运动部件的动作情况。了解哪些是正反转控制，哪些是顺序控制，哪台电动机需要制动控制等。根据各部件的动作情况，在电气控制箱（盘）中观察各电器元件的动作情况。对有些功能不清楚的元件，可通过试车确认。

4．测绘草图

为便于绘出线路的电路图，可先绘制安装接线示意图，即用简明的符号和线条徒手画出表示电器元件的位置关系、连接关系、线路走向等的草图。

草图的测绘原则是：先测绘主电路，再测绘控制电路；先测绘输入端，后测绘输出端；先测绘主干线，再依次按节点测绘各支路；先简单后复杂，最后要逐个支路进行校验。

5．完成绘图

整理测绘草图，画出正规的安装接线图和控制原理图。

二、电气原理图测绘的方法

电气原理图测绘方法有：布置图—接线图—原理图法、查对法和综合法。

1．布置图—接线图—原理图法

先绘制电器元件布置图，再绘制安装接线图，最后绘制控制原理图。这是最常用的电气原理图测绘方法。

2．查对法

在调查了解的基础上，分析判断生产设备控制线路中采用的基本控制环节，并画出线路草图，然后与实际控制线路进行查对，不正确的地方加以修改，最后绘制出完整的电气原理图。

采用此法绘图需要绘制者有一定的技术基础，既要熟悉各种电器元件在系统中的作用及连接方法，又要清楚了解系统中各种典型环节的画法。

3．综合法

根据生产设备中所用电动机的控制要求及各环节的作用，采用上述两种方法相结合进行绘制。例如，先用查对法画出草图，再按实物测绘、检查、核对、修改，画出完整的电气原理图。

三、电气原理图测绘的注意事项

1. 电气原理图测绘前，要切断被测设备或装置的电源，不能带电作业。确需带电测绘的，要做好防范措施。

2. 要避免大拆大卸，对拆下的线头要做好标记。

3. 两人以上协同进行测绘时，要由一人指挥、协调一致，防止发生事故。

4. 测绘过程中，如确需开动机床或设备时，要断开执行元件或由熟练的操作者操作，同时要有监护人负责监护。对于可能发生的人身或设备事故，要做好防范措施。

5. 测绘过程中，如发现有掉线或接错线时，首先要做好记录，然后继续测绘，待线路图绘制完成后再做处理。切记不要把掉线随意接到某个电器元件上，以免发生更大的电气事故。

任务实施

一、准备工具和材料

按表 4–1–1 准备所需工具和材料。

表 4–1–1　工具、材料清单

工具	测绘通用工具（1 套）、电工通用工具（1 套）				
仪表	MF47 型万用表				
器材	代号	名称	型号	规格	数量
	1	复印纸	—	A3/A4	若干
	2	绘图铅笔	—	B2 ～ B4	若干
	3	橡皮	—	—	1
	4	普通水性笔	—	—	1
	5	马克笔	—	—	1
	6	色标	—	—	1
	7	画板	—	—	1
	8	胶带	—	—	1

二、全面了解测绘对象

1. 认识 X62W 型卧式铣床

本任务需要测绘的机床是 X62W 型卧式铣床。铣床是一种通用的多用途机床，可以用圆柱铣刀、圆片铣刀、角度铣刀、成形铣刀和端面铣刀等刀具对各种零件进行平面、斜面、螺旋面和成形表面的加工。

（1）X62W 型卧式铣床的主要结构。X62W 型卧式铣床的外形及结构如图 4–1–1 所示，主要由床身、底座、主轴、刀杆支架、悬梁、工作台、回转盘、中滑板、升降台等部分组成。

图 4–1–1　X62W 型卧式铣床的外形及结构

（2）X62W 型卧式铣床的主要运动形式

1）主运动：主轴带动铣刀的旋转运动。

2）进给运动：工件随工作台在前后、左右和上下六个方向上的运动以及圆形工作台的旋转运动。

3）辅助运动：工作台的快速运动以及主轴和进给的变速冲动。

2. 熟悉铣床电器元件的位置

熟悉测绘对象中各电器元件的位置是成功进行测绘的基础，否则，很容易产生遗漏，造成漏测。X62W 型卧式铣床中各电器元件的具体位置如图 4–1–2 ~ 图 4–1–6 所示。

图 4-1-2　床身正面

图 4-1-3　床身左侧

图 4-1-4　床身左侧控制箱

图 4-1-5　床身右侧

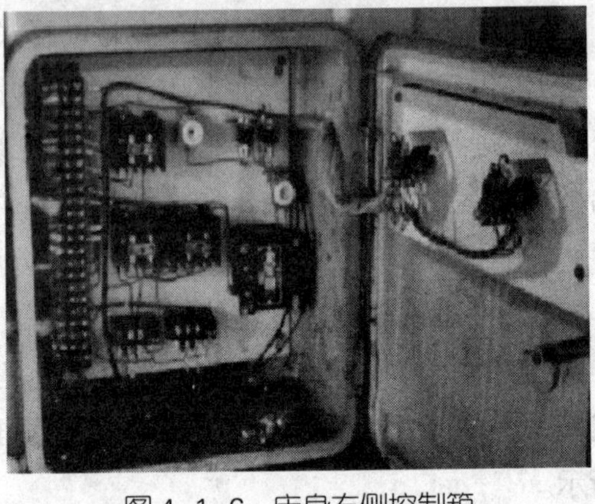

图 4-1-6　床身右侧控制箱

三、测绘草图

1. 绘制电器元件布置图（见图 4-1-7、图 4-1-8）

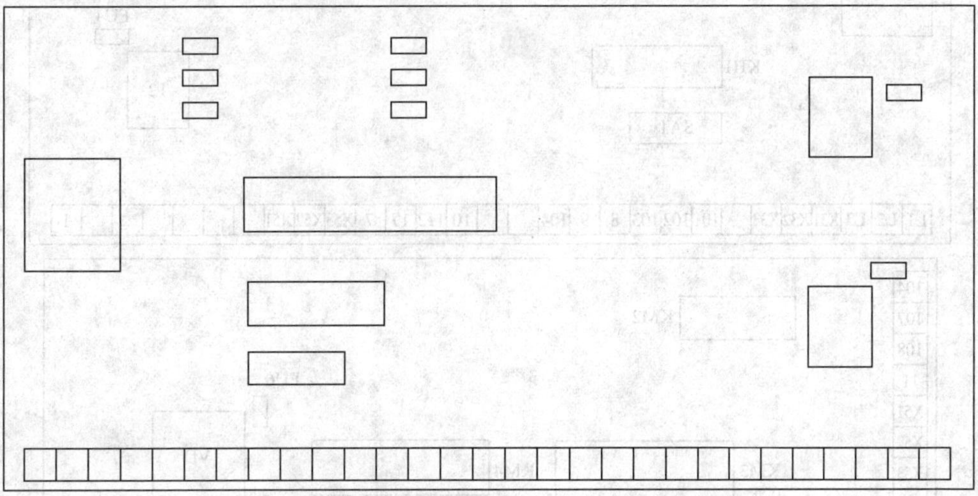

图 4-1-7 左侧控制箱中电器元件布置图

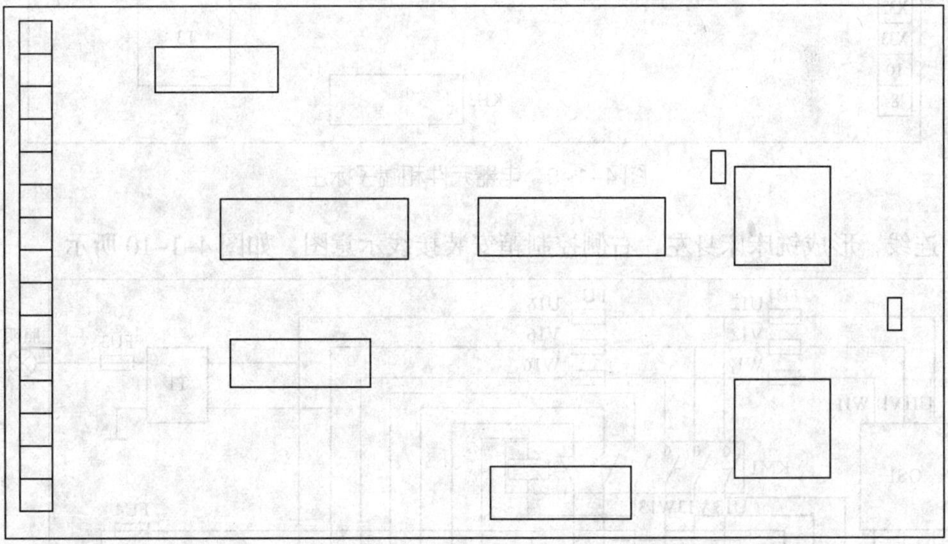

图 4-1-8 右侧控制箱中电器元件布置图

2. 绘制安装接线示意图

对铣床床身左、右侧控制箱各电器元件和端子进行标注，如图 4-1-9 所示。

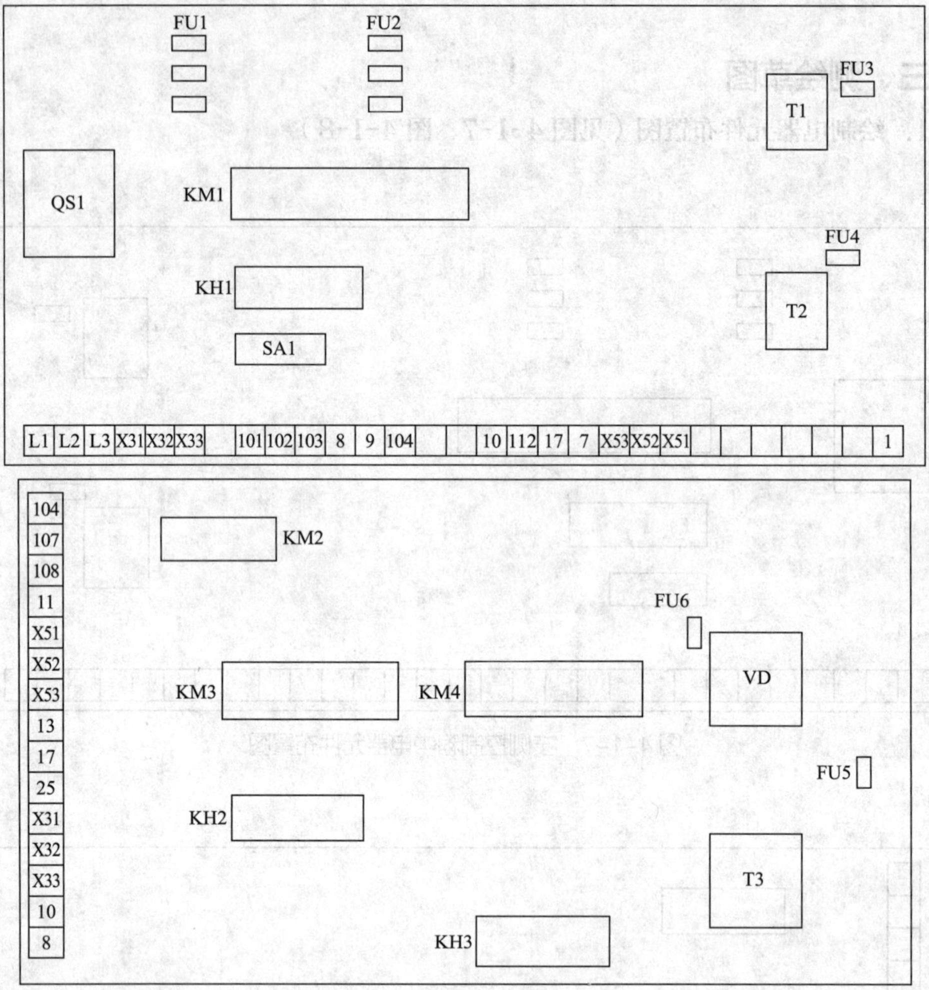

图 4-1-9　电器元件和端子标注

连线，形成铣床床身左、右侧控制箱安装接线示意图，如图 4-1-10 所示。

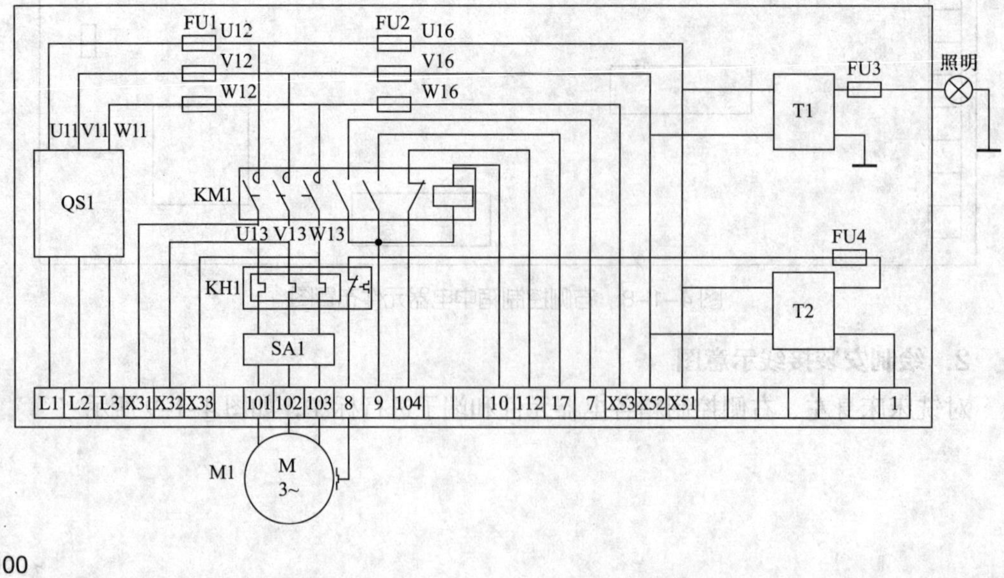

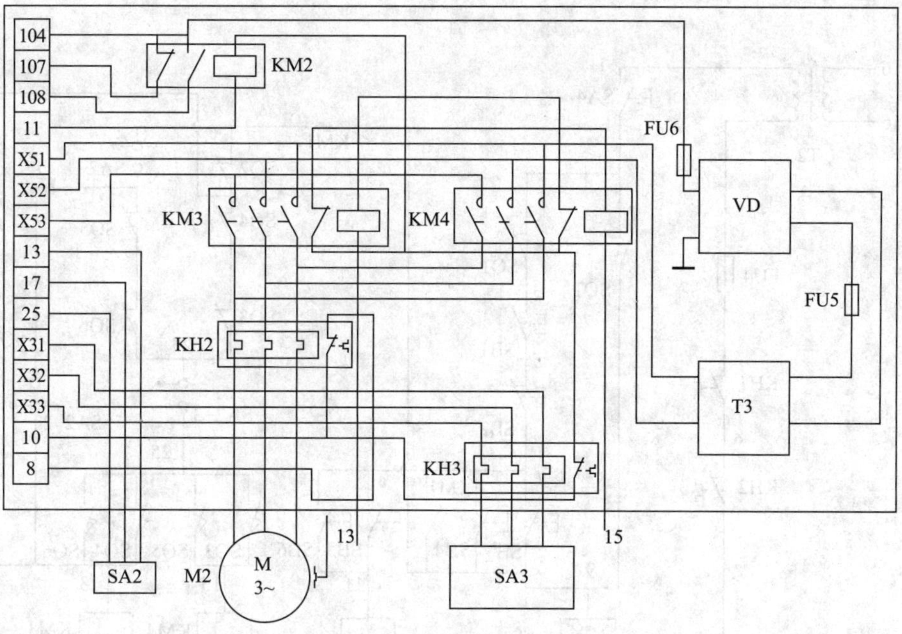

图 4-1-10 安装接线示意图

3. 测绘主电路、控制电路等草图

根据安装接线示意图，区分主电路、控制电路、电磁离合器控制电路和照明电路，分别画出草图，如图 4-1-11 ~ 图 4-1-14 所示。对主电路的测绘，应起始于电源，终止于负载；对控制电路的测绘，应起始于控制电源的相线（火线），终止于零线。

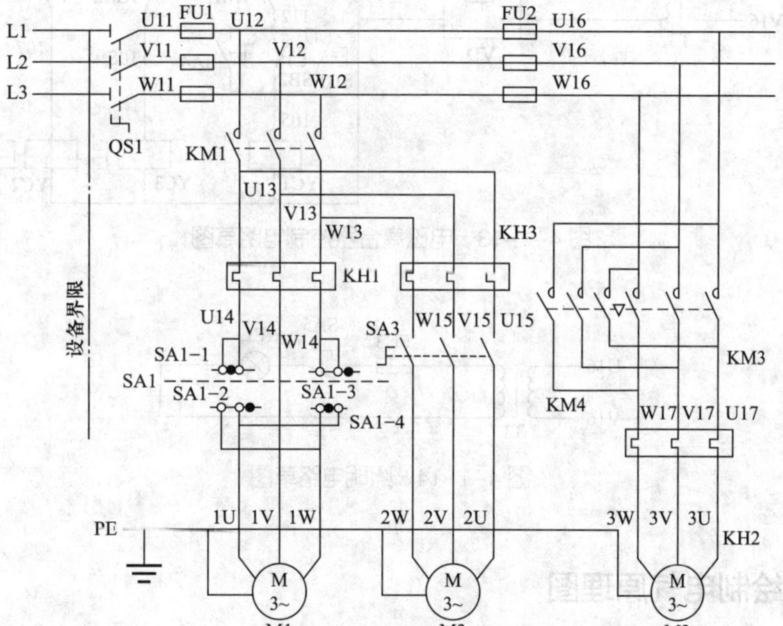

图 4-1-11 主电路草图

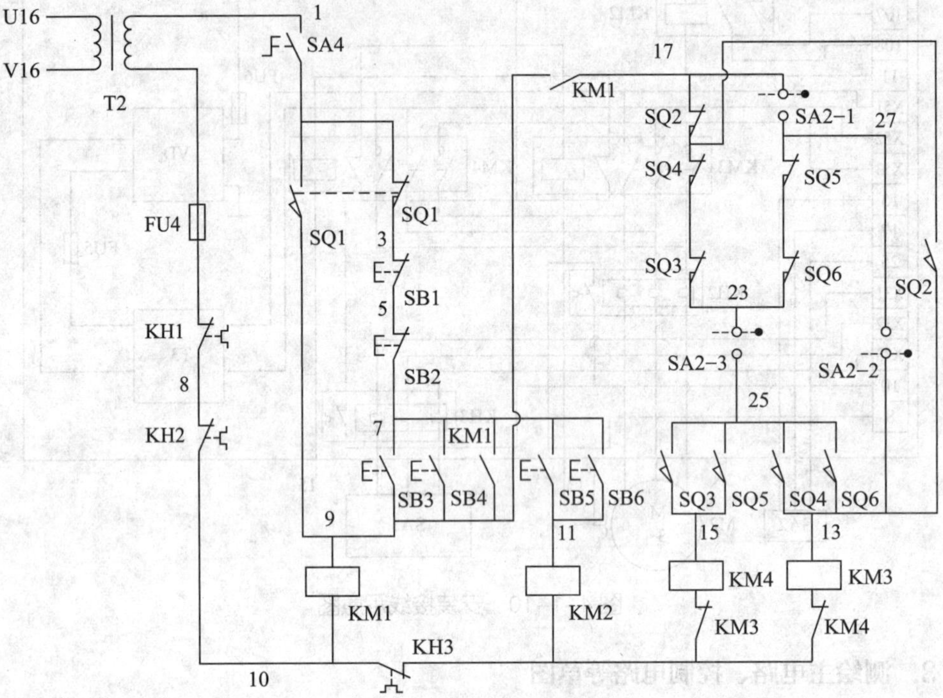

图 4-1-12　控制电路草图

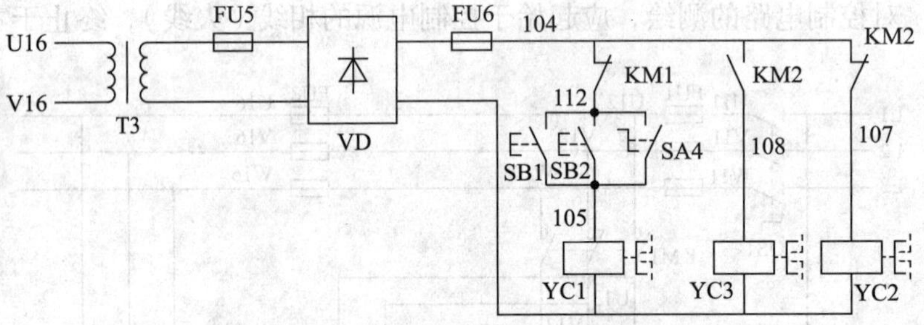

图 4-1-13　电磁离合器控制电路草图

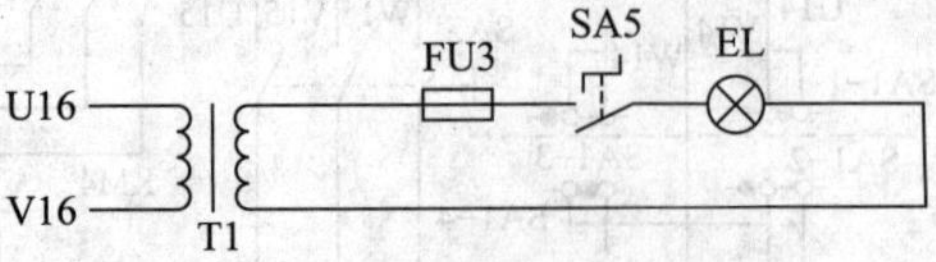

图 4-1-14　照明电路草图

四、绘制电气原理图

测绘完成的 X62W 型卧式铣床电气控制线路如图 4-1-15 所示。

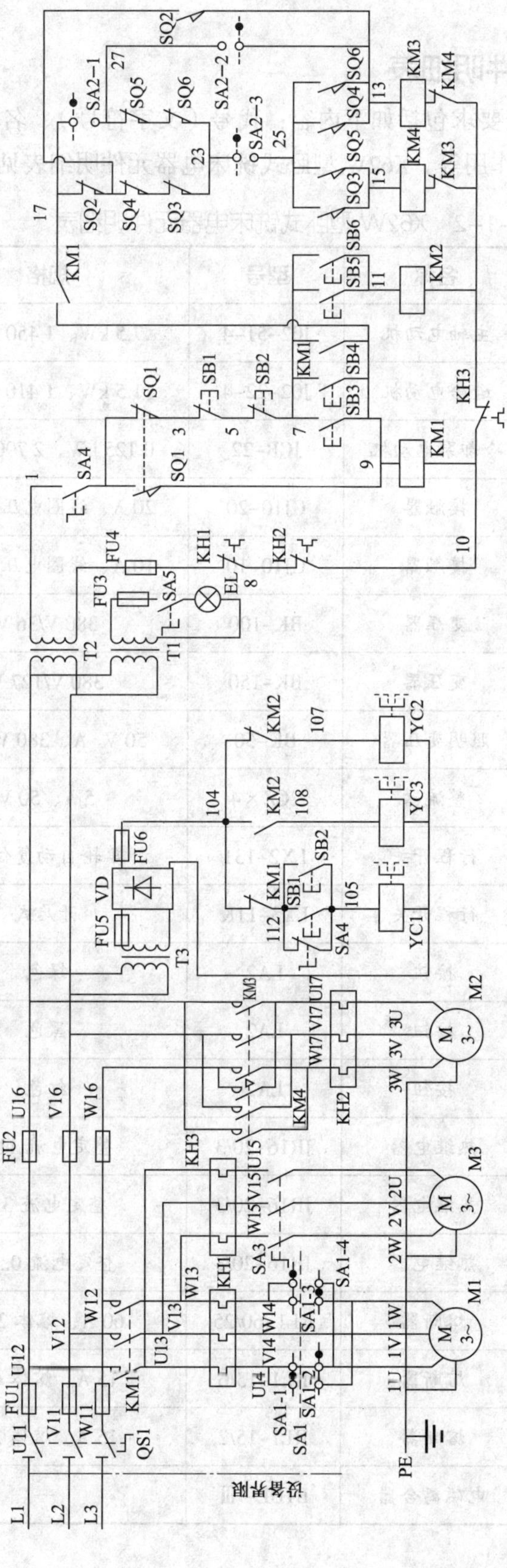

图 4-1-15 X62W 型卧式铣床电气控制线路

五、列出电器元件明细表

机床电器元件明细表要求包括如下内容：代号（文字符号）、名称、型号（如条件允许）、规格、数量、作用等。X62W 型卧式铣床电器元件明细表见表 4–1–2。

表 4–1–2　X62W 型卧式铣床电器元件明细表

代号	名称	型号	规格	数量
M1	主轴电动机	J02–51–4	7.5 kW、1 450 r/min	1
M2	进给电动机	J02–22–4	1.5 kW、1 410 r/min	1
M3	冷却泵电动机	JCB–22	0.125 kW、2 790 r/min	1
KM1	接触器	CJ10–20	20 A、线圈电压 127 V	1
KM2 ~ KM4	接触器	CJ10–10	10 A、线圈电压 127 V	3
T3	变压器	BK–100	380 V/36 V	1
T2	变压器	BK–150	380 V/127 V	1
T1	照明变压器	BK–50	50 V · A、380 V/36 V	1
VD	整流器	2CZ × 4	5 A、50 V	1
SQ3、SQ4	行程开关	LX2–131	单轮自动复位式	2
SQ1、SQ2、SQ5、SQ6	行程开关	LX3–11K	开启式	4
SB1、SB2	按钮	LA2	绿色	2
SB3、SB4	按钮	LA2	黑色	2
SB5、SB6	按钮	LA2	红色	2
KH1	热继电器	JR16–20/3	整定电流 11 A	1
KH2	热继电器	JR16–20/3	整定电流 3 A	1
KH3	热继电器	JR16–20/3	整定电流 0.3 A	1
FU1	熔断器	RL1–60/25	60 A、熔体 25 A	3
FU2	熔断器	RL1–15/6	15 A、熔体 6 A	3
FU3 ~ FU6	熔断器	RL1–15/2	15 A、熔体 2 A	4
YC1	电磁离合器	B1DL– Ⅲ	—	1

续表

代号	名称	型号	规格	数量
YC2、YC3	电磁离合器	B1DL- Ⅱ	—	2
SA3、SA4	开关	LS2-3A	10 A、500 V	2
SA2、SA5	开关	HZ10-10/3J	10 A、380 V	2
SA1	开关	HZ3-133	10 A、500 V	1
QS1	开关	HZ10-60/3J	60 A、380 V	1
EL	照明灯	—	36 V、40 W	1

任务 2 X62W 型卧式铣床主轴电动机不能启动故障维修

学习目标

1. 熟悉铣床主轴电动机的运动形式及控制要求。
2. 掌握铣床主轴电动机控制线路的工作原理。
3. 熟悉铣床主轴电动机控制线路的常见故障及其排除方法。
4. 掌握铣床主轴电动机不能启动故障的检修流程，能正确排除故障。

任务引入

某加工厂生产车间的 X62W 型卧式铣床通电后主轴电动机不能启动，经维修班组长初步检查，判断为电气故障，需要对该设备控制线路进行检修。X62W 型卧式铣床主轴电动机控制线路如图 4-2-1 所示。

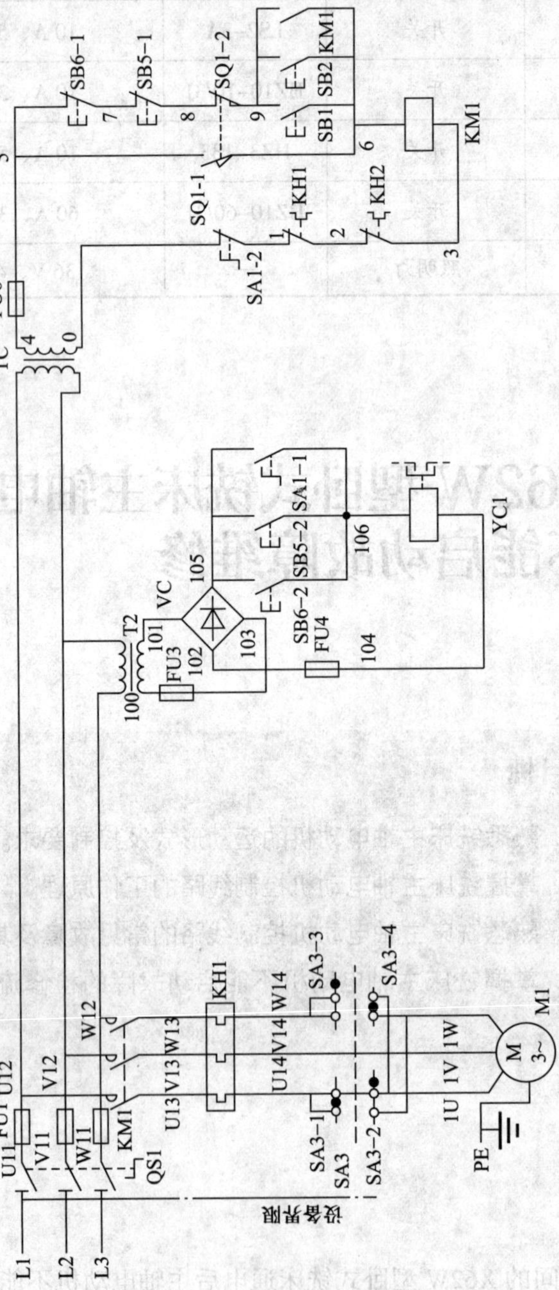

图 4-2-1　X62W 型卧式铣床主轴电动机控制线路

相关知识

一、铣床主轴电动机的运动形式及控制要求

X62W 型卧式铣床的主运动是主轴电动机拖动主轴带动铣刀旋转，进行铣削加工。

在铣削加工中，有顺铣和逆铣两种加工方式，因此，要求主轴电动机能正、反转。但考虑正、反转操作并不频繁（批量顺铣或逆铣），因此，使用组合开关改变电源相序来控制主轴电动机的正、反转。

铣削加工是一种不连续的切削加工方式，为减小振动，主轴上装有惯性轮，但这样会造成主轴停车困难，因此，主轴电动机采用电磁离合器制动以实现准确停车。

铣削加工过程中需要主轴调速，采用改变变速箱的齿轮传动比来实现，因此，主轴电动机不需要调速。为保证主轴变速后齿轮能良好啮合，要求电动机做瞬时点动，即变速冲动。

二、铣床主轴电动机控制线路的工作原理

X62W 型卧式铣床主轴电动机控制线路如图 4–2–1 所示。

M1 为主轴电动机，由接触器 KM1 和组合开关 SA3 控制，热继电器 KH1 作过载保护，熔断器 FU1 作短路保护。

为方便操作，主轴电动机 M1 采用两地控制方式，SB1 和 SB2 是两组启动按钮，SB5 和 SB6 是两组停止按钮，一组启动按钮 SB1 和停止按钮 SB5 安装在工作台上，另一组启动按钮 SB2 和停止按钮 SB6 安装在床身上。通过组合开关 SA3 来实现正反转，KM1 是主轴电动机 M1 的控制接触器，YC1 是主轴制动用的电磁离合器，SQ1 是主轴变速冲动的行程开关。

主轴电动机 M1 的控制包括启动控制、制动控制、换刀控制和变速冲动控制。

1. 启动控制

主轴电动机 M1 启动前，应先选择好主轴的转速，然后合上电源开关 QS1，再把主轴换向开关 SA3 扳到所需要的转向。按下启动按钮 SB1（或 SB2），接触器 KM1 线圈得电，其主触点和辅助常开触点（6–9）闭合，主轴电动机 M1 启动运转，同时，KM1 的辅助常开触点（9–10）闭合，为工作台进给电路提供电源。

2. 制动控制

按下停止按钮 SB5（或 SB6），其常闭触点 SB5–1（或 SB6–1）断开，接触器 KM1 线圈失电，其主触点断开，主轴电动机 M1 断电做惯性运转，SB5（或 SB6）的常开触点 SB5–2（或 SB6–2）闭合，接通电磁离合器 YC1，主轴电动机 M1 制动停转。

3．换刀控制

主轴需更换铣刀时，将换刀控制开关SA1扳向换刀位置，其常开触点SA1–1闭合，电磁离合器YC1线圈得电，将主轴制动，以便换刀；同时，SA1的常闭触点SA1–2断开，切断控制电路，确保人身安全。

4．变速冲动控制

主轴变速前应先停车。变速时，先将变速手柄向下压并向外拉出，转动变速盘选定所需转速后，将变速手柄推回。此时，变速冲动行程开关SQ1短时受压闭合，主轴电动机M1点动，变速手柄推回原位后，SQ1复位，M1断电，变速冲动结束。

三、铣床主轴电动机控制线路的常见故障及其排除方法（见表4–2–1）

表4–2–1　铣床主轴电动机控制线路的常见故障及其排除方法

故障现象	主要故障点	检修排除方法
M1不能启动	KM1线圈和SB1（或SB2）接触不良或接线脱落	修复KM1、SB1、SB2，接好脱落线
M1不能自锁	KM1辅助常开触点（6–9）和SB1（或SB2）并联接线脱落	接好脱落线
M1不能制动	YC1线圈和常开触点SB5–2（或SB6–2）接触不良或接线脱落	修复YC1、SB5、SB6，接好脱落线
主轴不能变速冲动	常开触点SQ1–1和KM1线圈接触不良或接线脱落	修复SQ1、KM1，接好脱落线

四、铣床主轴电动机不能启动故障的检修流程（见图4–2–2）

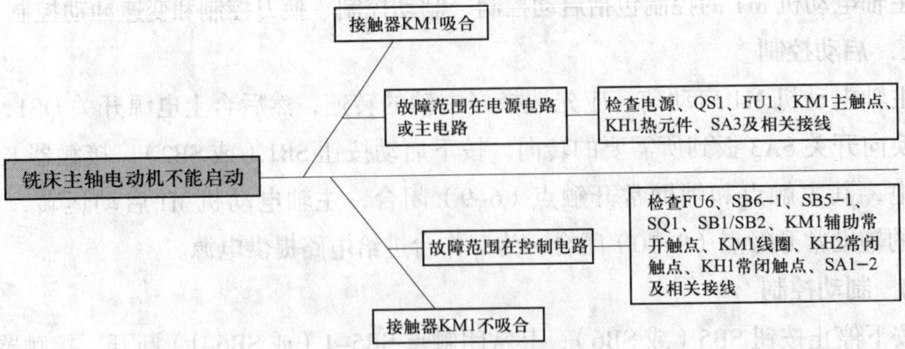

图4–2–2　铣床主轴电动机不能启动故障的检修流程

任务实施

一、准备工具和材料

按表 4–2–2 准备所需工具和材料。

表 4–2–2 工具、材料清单

<table>
<tr><td>工具</td><td colspan="5">电工通用工具（1 套）、专用工具（如手电钻、压线钳、各种扳手等）</td></tr>
<tr><td>仪表</td><td colspan="5">ZC25–3 型兆欧表（500 V）、MG3–1 型钳形电流表、MF47 型万用表</td></tr>
<tr><td>资料</td><td colspan="5">任务单、出厂资料、维修档案、施工图纸、维修计划模板、维修记录模板、电工安全操作规程、电工手册、电气装置安装工程施工及验收规范等</td></tr>
<tr><td>材料</td><td colspan="5">导线、控制器件、保护器件、线槽、线管、绝缘材料、劳保用品、安全警示牌、警戒围栏</td></tr>
<tr><td rowspan="15">器材</td><td>代号</td><td>名称</td><td>型号</td><td>规格</td><td>数量</td></tr>
<tr><td>M1</td><td>主轴电动机</td><td>Y132M–4–B3</td><td>7.5 kW、380 V、1 450 r/min</td><td>1</td></tr>
<tr><td>QS1</td><td>开关</td><td>HZ10–60/3J</td><td>60 A、380 V</td><td>1</td></tr>
<tr><td>SA1</td><td>开关</td><td>LS2–3A</td><td>10 A、500 V</td><td>1</td></tr>
<tr><td>SA3</td><td>开关</td><td>HZ3–133</td><td>10 A、500 V</td><td>1</td></tr>
<tr><td>FU1</td><td>熔断器</td><td>RL1–60/50</td><td>60 A、熔体 50 A</td><td>3</td></tr>
<tr><td>KH1</td><td>热继电器</td><td>JR0–40</td><td>整定电流 16 A</td><td>1</td></tr>
<tr><td>KH2</td><td>热继电器</td><td>JR10–10</td><td>整定电流 0.43 A</td><td>1</td></tr>
<tr><td>T2</td><td>变压器</td><td>BK–100</td><td>380 V/36 V</td><td>1</td></tr>
<tr><td>TC</td><td>变压器</td><td>BK–150</td><td>380 V/110 V</td><td>1</td></tr>
<tr><td>VC</td><td>整流器</td><td>2CZ × 4</td><td>5 A、50 V</td><td>4</td></tr>
<tr><td>KM1</td><td>接触器</td><td>CJ10–20</td><td>20 A、线圈电压 110 V</td><td>1</td></tr>
<tr><td>SB1、SB2</td><td>按钮</td><td>LA2</td><td>绿色</td><td>2</td></tr>
<tr><td>SB5、SB6</td><td>按钮</td><td>LA2</td><td>红色</td><td>2</td></tr>
<tr><td>YC1</td><td>电磁离合器</td><td>B1DL– Ⅲ</td><td>—</td><td>1</td></tr>
</table>

二、检修故障

1. 观察故障现象

合上电源开关 QS1，再把主轴换向开关 SA3 扳到所需要的转向，按下启动按钮 SB1（或 SB2），接触器 KM1 吸合，主轴电动机 M1 不能启动运转。

2. 确定故障范围并查找故障点

接触器 KM1 吸合，则说明故障发生在电源电路或主电路上，需要对电源电路或主电路进行检修。可按电源、电源开关 QS1、熔断器 FU1、接触器 KM1 主触点、热继电器 KH1 热元件到换向开关 SA3 的顺序进行检查。由于 M1 的容量较大，应注意检查 KM1 的主触点、SA3 的触点是否熔焊或接触不良，KM1 能否动作等。

此外，如果换刀控制开关 SA1 仍处在“换刀”位置，SA1 断开，或者 SA1 虽处于正常工作位置，但 SA1 接触不良，使控制电路电源未接通，M1 也不能启动。

3. 排除故障

（1）在有故障的铣床上或人为设置自然故障点的铣床上，由教师进行示范检修，边分析边检查，直至故障排除。

（2）由教师设置已知故障点，在教师指导下从故障现象着手进行分析，采用正确的检查步骤和检修方法进行检修。

任务 3　X62W 型卧式铣床工作台的各个方向都不能进给故障维修

学习目标

1. 熟悉铣床进给电动机的运动形式及控制要求。
2. 掌握铣床进给电动机控制线路的工作原理。
3. 熟悉铣床进给电动机控制线路的常见故障及其排除方法。
4. 掌握铣床工作台的各个方向都不能进给故障的检修流程，能正确排除故障。

任务引入

某加工厂生产车间的 X62W 型卧式铣床通电后工作台的各个方向都不能进给，经维修班组长初步检查，判断为电气故障，需要对该设备控制线路进行检修。X62W 型卧式铣床进给电动机控制线路如图 4–3–1 所示。

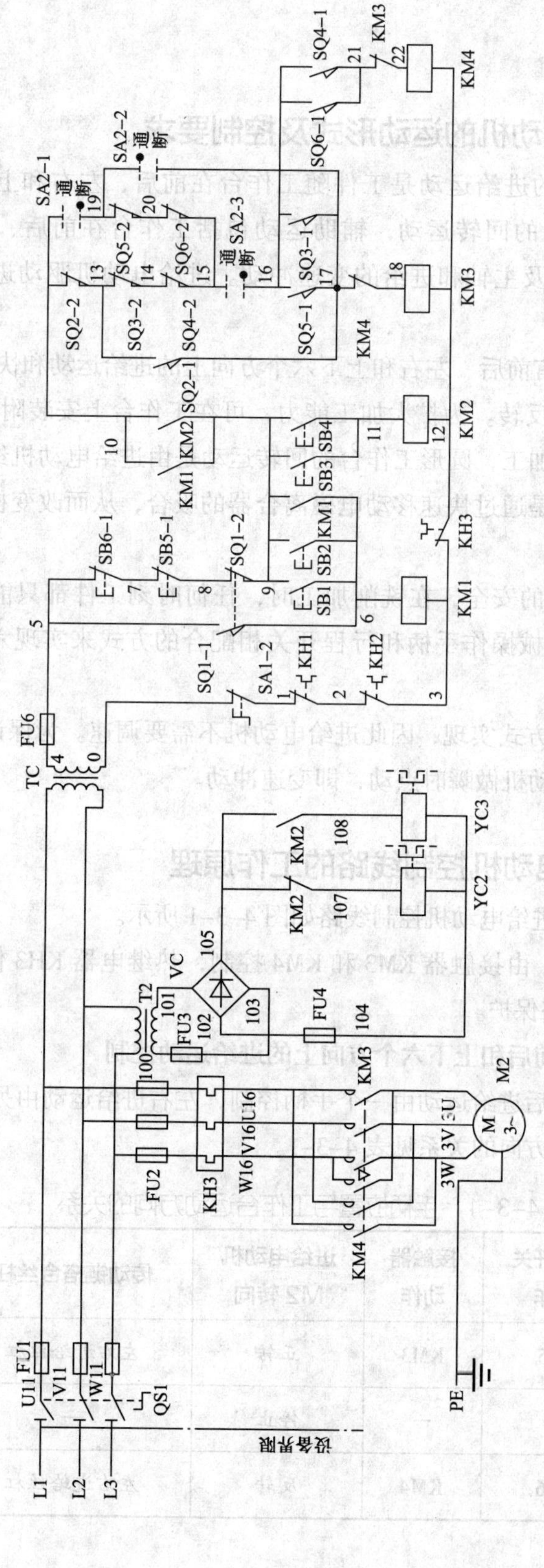

图 4-3-1 X62W 型卧式铣床进给电动机控制线路

相关知识

一、铣床进给电动机的运动形式及控制要求

X62W 型卧式铣床的进给运动是工件随工作台在前后、左右和上下六个方向上的运动以及圆形工作台的回转运动，辅助运动包括工作台在前后、左右和上下六个方向上的快速移动以及主轴和进给的变速冲动。进给电动机驱动进给运动和快速移动。

铣床的工作台要求有前后、左右和上下六个方向上的进给运动和快速移动，因此，要求进给电动机能正、反转。为扩大加工能力，可在工作台上安装附件圆形工作台，对圆弧或凸轮进行铣削加工，圆形工作台的回转运动是由进给电动机经传动机构驱动的。工作台的快速移动是通过快速移动电磁离合器的吸合，从而改变机械传动链的传动比来实现的。

为保证机床和刀具的安全，在铣削加工时，任何时刻工件都只能有一个方向的进给运动，因此采用机械操作手柄和行程开关相配合的方式来实现六个运动方向的联锁。

进给变速采用机械方式实现，因此进给电动机不需要调速。为保证进给变速后齿轮能良好啮合，要求电动机做瞬时点动，即变速冲动。

二、铣床进给电动机控制线路的工作原理

X62W 型卧式铣床进给电动机控制线路如图 4–3–1 所示。

M2 为进给电动机，由接触器 KM3 和 KM4 控制，热继电器 KH3 作过载保护，熔断器 FU1 和 FU2 作短路保护。

1．工作台左右、前后和上下六个方向上的进给运动控制

工作台的上下和前后进给运动由一个手柄控制，左右进给运动由另一个手柄控制。手柄位置与工作台运动方向的关系见表 4–3–1。

表 4–3–1　手柄位置与工作台运动方向的关系

控制手柄	手柄位置	行程开关动作	接触器动作	进给电动机 M2 转向	传动链搭合丝杠	工作台运动方向
左右进给手柄	左	SQ5	KM3	正转	左右进给丝杠	向左
	中	—	—	停止	—	停止
	右	SQ6	KM4	反转	左右进给丝杠	向右

续表

控制手柄	手柄位置	行程开关动作	接触器动作	进给电动机 M2 转向	传动链搭合丝杠	工作台运动方向
上下和前后进给手柄	上	SQ4	KM4	反转	上下进给丝杠	向上
	下	SQ3	KM3	正转	上下进给丝杠	向下
	中	—	—	停止	—	停止
	前	SQ3	KM3	正转	前后进给丝杠	向前
	后	SQ4	KM4	反转	前后进给丝杠	向后

现以工作台的左右进给为例来分析工作台的进给运动控制。

左右进给手柄与行程开关 SQ5、SQ6 联动，有左、中、右三个位置。当手柄扳到中间位置时，行程开关 SQ5 和 SQ6 均未被压合，进给控制电路处于断开状态；当手柄扳到向左（或向右）位置时，手柄压下行程开关 SQ5（或 SQ6），同时将电动机的传动链和左右进给丝杠相连。其控制过程如下：

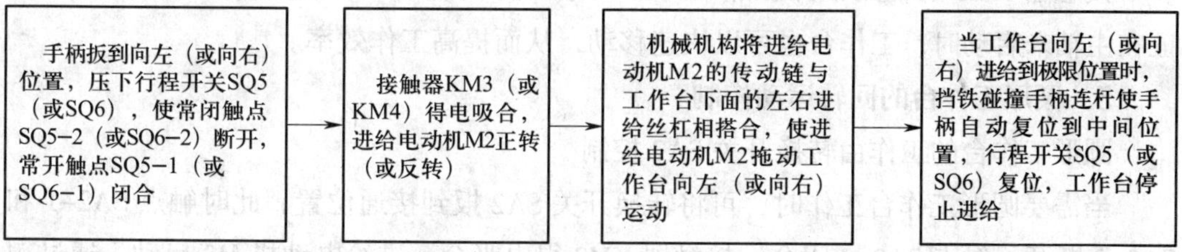

工作台的上下和前后进给由上下和前后进给手柄控制，其控制过程与左右进给相似，可自行分析。

通过以上分析可知，两个进给手柄中的其中一个被置于某一方向后，压下四个行程开关 SQ3、SQ4、SQ5、SQ6 中的其中一个开关，接通进给电动机 M2 正转或反转电路，同时通过机械机构将 M2 的传动链与三根丝杠（左右进给丝杠、上下进给丝杠、前后进给丝杠）中的其中一根（只能是一根）丝杠相搭合，驱动工作台沿选定的进给方向运动。

2. 左右进给与上下、前后进给的联锁控制

在控制进给的两个手柄中，当其中一个进给手柄被置于某一进给方向后，另一个进给手柄必须置于中间位置，否则将无法实现任何进给运动，这是因为在控制电路中对两者实行了联锁保护。例如，当把左右进给手柄扳到向左位置时，若又将上下和前后进给手柄扳到向下位置，则行程开关 SQ5 和 SQ3 均被压下，常闭触点 SQ5-2 和 SQ3-2 均断开，断开接触器 KM3 的电路，进给电动机 M2 只能停转，保证操作的安全。

3. 进给变速时的瞬时点动控制

进给变速时，必须先将进给手柄放在中间位置，然后将进给变速盘（在升降台前面）向外拉出，选择好转速后，再将变速盘推进去。在推进的过程中，挡块压下行程开关 SQ2，使常闭触点 SQ2–2 断开，常开触点 SQ2–1 闭合，接触器 KM3 得电动作，进给电动机 M2 启动；但随着变速盘的复位，行程开关 SQ2 也跟着复位，KM3 失电释放，进给电动机 M2 断电停转。这样使进给电动机 M2 瞬时点动一下，齿轮系统产生一次抖动，齿轮顺利实现啮合。

4. 工作台的快速移动控制

工作台的快速移动是通过两个进给手柄和快速移动按钮 SB3、SB4 配合实现的。其控制过程如下：

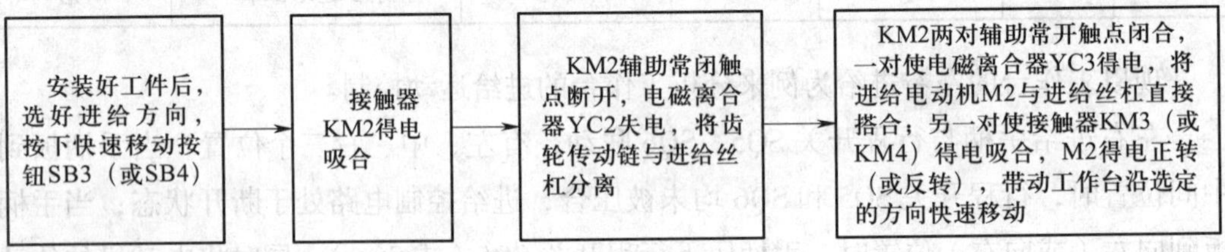

松开快速移动按钮 SB3（或 SB4），快速移动停止。

接触器 KM2 的辅助常开触点（9–10）与 KM1 的辅助常开触点（9–10）并联，保证在主轴未启动时，工作台也可以快速移动，从而提高工作效率。

5. 圆形工作台的回转运动控制

圆形工作台的工作由转换开关 SA2 控制。

当需要圆形工作台工作时，可将转换开关 SA2 扳到接通位置，此时触点 SA2–1 和 SA2–3 断开，触点 SA2–2 闭合，接触器 KM3 得电吸合，进给电动机 M2 启动，通过一根专用轴带动圆形工作台做回转运动。

当不需要圆形工作台工作时，将转换开关 SA2 扳到断开位置，这时触点 SA2–1 和 SA2–3 闭合，触点 SA2–2 断开，工作台在六个方向上正常进给，圆形工作台不能工作。

圆形工作台工作时其余进给一律不准运动。两个进给手柄必须置于中间位置。若出现误操作，扳动两个进给手柄中的任意一个，则必然压合行程开关 SQ3 ~ SQ6 中的一个，使进给电动机 M2 停转。圆形工作台不需要调速，也不需要正反转。

三、铣床进给电动机控制线路的常见故障及其排除方法（见表 4–3–2）

表 4–3–2　铣床工作台进给控制线路的常见故障及其排除方法

故障现象	主要故障点	检修排除方法
工作台在各个方向都不能进给	KM1、KM2 的辅助常开触点（9–10）接触不良或接线脱落	修复 KM1、KM2，接好脱落线

续表

故障现象	主要故障点	检修排除方法
工作台在各个方向都不能快速移动	SB3（或 SB4）和 KM2 线圈接触不良或接线脱落	修复 SB3、SB4、KM2，接好脱落线
工作台不能变速冲动	KM3 线圈和常开触点 SQ2–1 接触不良或接线脱落	修复 KM3、SQ2，接好脱落线
工作台不能向上、右、后进给	常开触点 SQ4–1、SQ6–1 和 KM4 线圈接触不良或接线脱落	修复 SQ4、SQ6、KM4，接好脱落线
工作台不能向下、左、前进给	常开触点 SQ3–1、SQ5–1 和 KM3 线圈接触不良或接线脱落	修复 SQ3、SQ5、KM3，接好脱落线
工作台不能向左进给	常开触点 SQ5–1、KM4 的辅助常闭触点（17–18）和 KM3 线圈接触不良或接线脱落	修复 SQ5、KM4、KM3，接好脱落线
工作台不能向右进给	常开触点 SQ6–1、KM3 的辅助常闭触点（21–22）和 KM4 线圈接触不良或接线脱落	修复 SQ6、KM3、KM4，接好脱落线
工作台不能向下、前进给	常开触点 SQ3–1、KM4 的辅助常闭触点（17–18）和 KM3 线圈接触不良或接线脱落	修复 SQ3、KM4、KM3，接好脱落线
工作台不能向上、后进给	常开触点 SQ4–1、KM3 的辅助常闭触点（21–22）和 KM4 线圈接触不良或接线脱落	修复 SQ4、KM3、KM4，接好脱落线
圆形工作台不能回转	触点 SA2–2 接触不良或接线脱落	修复 SA2，接好脱落线

四、铣床工作台的各个方向都不能进给故障的检修流程（见图 4–3–2）

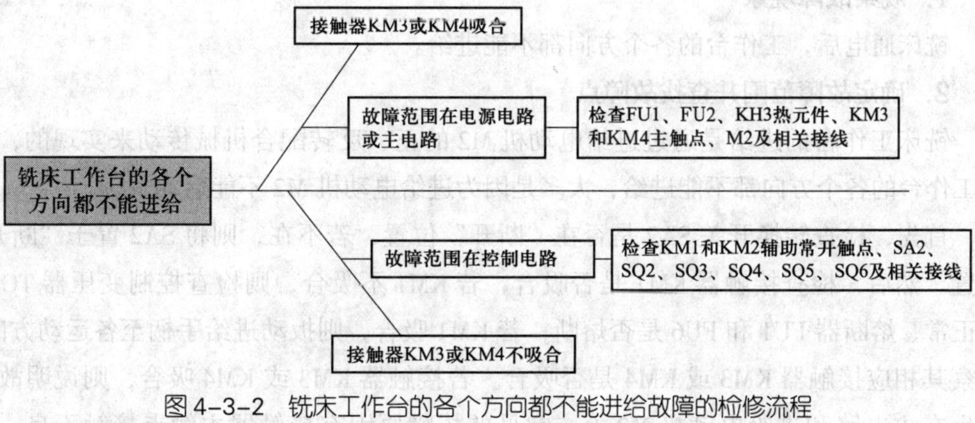

图 4–3–2 铣床工作台的各个方向都不能进给故障的检修流程

任务实施

一、准备工具和材料

按表 4-3-3 准备所需工具和材料。

表 4-3-3　工具、材料清单

<table>
<tr><td>工具</td><td colspan="5">电工通用工具（1 套）、专用工具（如手电钻、压线钳、各种扳手等）</td></tr>
<tr><td>仪表</td><td colspan="5">ZC25-3 型兆欧表（500 V）、MG3-1 型钳形电流表、MF47 型万用表</td></tr>
<tr><td>资料</td><td colspan="5">任务单、出厂资料、维修档案、施工图纸、维修计划模板、维修记录模板、电工安全操作规程、电工手册、电气装置安装工程施工及验收规范等</td></tr>
<tr><td>材料</td><td colspan="5">导线、控制器件、保护器件、线槽、线管、绝缘材料、劳保用品、安全警示牌、警戒围栏</td></tr>
<tr><td rowspan="11">器材</td><td>代号</td><td>名称</td><td>型号</td><td>规格</td><td>数量</td></tr>
<tr><td>M2</td><td>进给电动机</td><td>Y90L-4</td><td>1.5 kW、380 V、1 400 r/min</td><td>1</td></tr>
<tr><td>KH3</td><td>热继电器</td><td>JR10-10</td><td>整定电流 3.4 A</td><td>1</td></tr>
<tr><td>KM1</td><td>接触器</td><td>CJ10-20</td><td>20 A、线圈电压 110 V</td><td>1</td></tr>
<tr><td>KM2 ~ KM4</td><td>接触器</td><td>CJ10-10</td><td>10 A、线圈电压 110 V</td><td>3</td></tr>
<tr><td>SB1、SB2</td><td>按钮</td><td>LA2</td><td>绿色</td><td>2</td></tr>
<tr><td>SB3、SB4</td><td>按钮</td><td>LA2</td><td>黑色</td><td>2</td></tr>
<tr><td>SB5、SB6</td><td>按钮</td><td>LA2</td><td>红色</td><td>2</td></tr>
<tr><td>YC2、YC3</td><td>电磁离合器</td><td>B1DL- Ⅱ</td><td>—</td><td>2</td></tr>
<tr><td>SQ3、SQ4</td><td>行程开关</td><td>LX2-131</td><td>单轮自动复位</td><td>2</td></tr>
<tr><td>SQ1、SQ2、SQ5、SQ6</td><td>行程开关</td><td>LX3-11K</td><td>开启式</td><td>4</td></tr>
</table>

二、检修故障

1. 观察故障现象

铣床通电后，工作台的各个方向都不能进给。

2. 确定故障范围并查找故障点

铣床工作台的进给是通过进给电动机 M2 的正、反转配合机械传动来实现的，如果工作台的各个方向都不能进给，大多是因为进给电动机 M2 不能启动。

首先，检查转换开关 SA2 是否在“断开”位置，若不在，则将 SA2 置于“断开”位置。然后，检查接触器 KM1 是否吸合，若 KM1 不吸合，则检查控制变压器 TC 是否正常、熔断器 FU1 和 FU6 是否熔断；若 KM1 吸合，则扳动进给手柄至各运动方向，观察其相应接触器 KM3 或 KM4 是否吸合。若接触器 KM3 或 KM4 吸合，则说明故障发生在主电路和进给电动机 M2 上，常见的故障原因有接触器主触点接触不良、脱落、机械卡死和进给电动机 M2 接线脱落、绕组断路等；若接触器 KM3 或 KM4 不吸合，则检查进给控制电路的公共部分，常见的故障原因有常闭触点 SQ1-2、SQ2-2 和 KM1、KM2 辅助常开触点（9-10）接触不良或接线脱落。

3. 排除故障

（1）在有故障的铣床上或人为设置自然故障点的铣床上，由教师进行示范检修，边分析边检查，直至故障排除。

（2）由教师设置已知故障点，在教师指导下从故障现象着手进行分析，采用正确的检查步骤和检修方法进行检修。

任务 4 X62W 型卧式铣床电气控制线路综合故障维修

学习目标

1. 熟悉 X62W 型卧式铣床的运动形式及控制要求。

2. 掌握 X62W 型卧式铣床电气控制线路的工作原理。

3. 熟悉 X62W 型卧式铣床电气控制线路的常见故障及其排除方法。

4. 掌握 X62W 型卧式铣床电气控制线路常见故障的检修流程，能正确排除故障。

任务引入

在使用过程中，由于电器元件老化、损坏或操作不当等原因，某加工厂生产车间的 X62W 型卧式铣床电气控制线路出现故障，导致铣床不能正常工作，影响生产加工，需要由电气维修人员对设备进行故障诊断，确定故障类型，分析故障原因，查找故障点，并排除故障，以恢复设备的正常使用性能。X62W 型卧式铣床电气控制线路如图 4-4-1 所示。

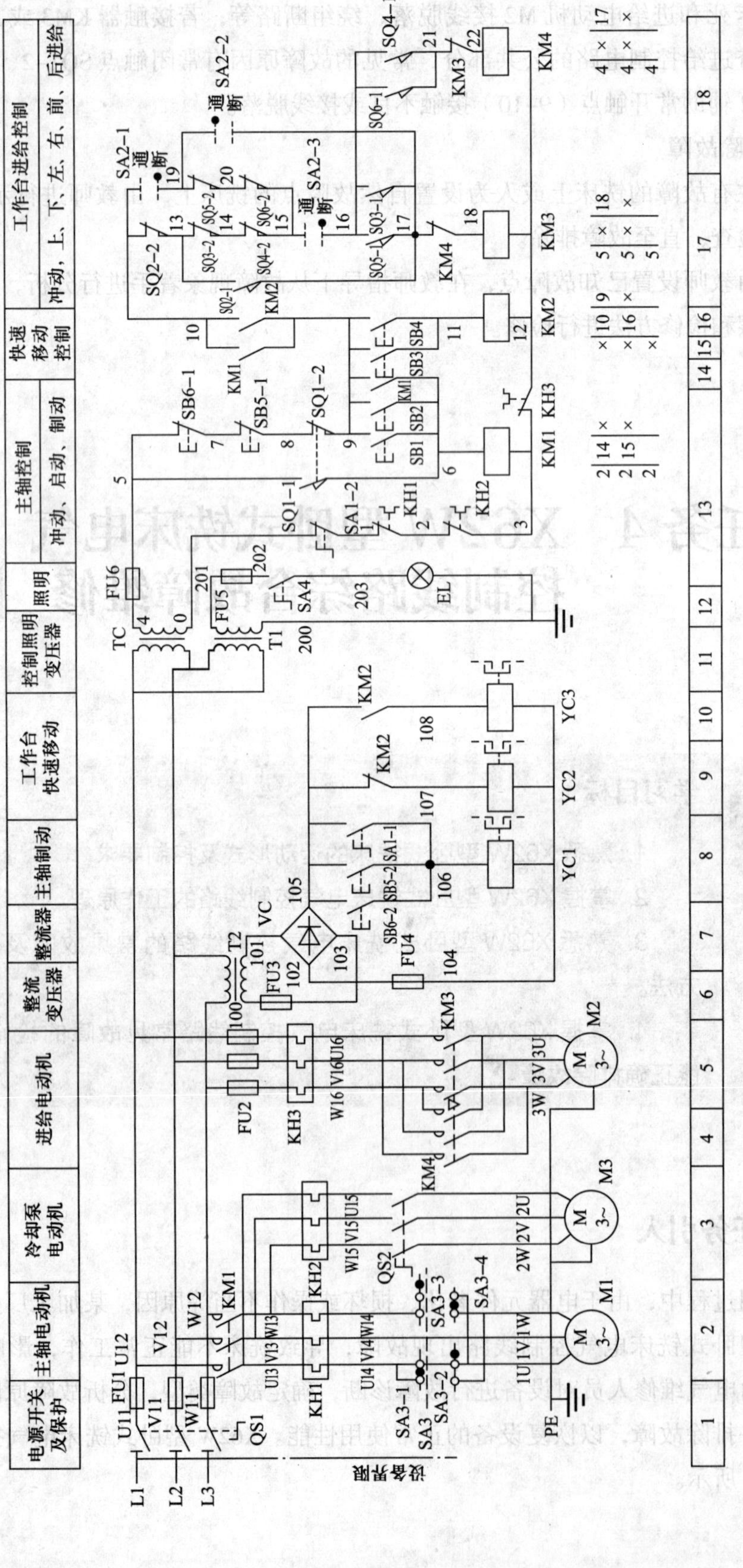

图 4-4-1 X62W 型卧式铣床电气控制线路

相关知识

一、X62W 型卧式铣床的主要运动形式及控制要求

1. 主要运动形式

（1）主运动：主轴电动机拖动主轴带动铣刀旋转，进行铣削加工。

（2）进给运动：工件随工作台在前后、左右和上下六个方向上的进给运动以及圆形工作台的回转运动。

（3）辅助运动：工作台在前后、左右和上下六个方向上的快速移动以及主轴和进给的变速冲动。

2. 控制要求

（1）铣床要求有三台电动机拖动：主轴电动机、进给电动机和冷却泵电动机。

（2）主轴电动机由主轴换向开关完成换向，以实现顺铣和逆铣，并具备制动停车和两地控制功能，变速时能瞬时冲动。

（3）工作台的前后、左右、上下六个方向移动通过机械方法实现，进给电动机要求能正反转，但纵向、横向、垂直三种运动形式应互有联锁。工作台进给变速时，进给电动机能瞬时冲动和快速移动，并具备两地控制功能。

（4）冷却泵电动机只要求正转。主轴电动机和冷却泵电动机为顺序控制，主轴电动机启动后，冷却泵电动机才能启动。

（5）当主轴电动机或进给电动机过载时，进给运动停止，以免损坏刀具、铣床。

（6）具备安全的局部照明和短路、过载、失欠压保护功能。

二、X62W 型卧式铣床电气控制线路工作原理分析

X62W 型卧式铣床电气控制线路如图 4–4–1 所示，线路分为主电路、控制电路和照明电路三部分。

1. 主电路分析

主电路共有 3 台电动机。M1 为主轴电动机，拖动主轴带动铣刀进行铣削加工，由接触器 KM1 和组合开关 SA3 控制，热继电器 KH1 作过载保护，熔断器 FU1 作短路保护。M2 为进给电动机，驱动进给运动和快速移动，由接触器 KM3、KM4 控制，热继电器 KH3 作过载保护，熔断器 FU1 和 FU2 作短路保护。M3 为冷却泵电动机，供应切削液，由手动开关 QS2 控制，热继电器 KH2 作过载保护，熔断器 FU1 作短路保护。

主轴电动机 M1 和冷却泵电动机 M3 采用顺序控制，即只有在主轴电动机 M1 启动后冷却泵电动机 M3 才能启动。

2. 控制电路分析

控制电路的电源由控制变压器 TC 输出 110 V 电压供电，由熔断器 FU6 作短路保护。

（1）主轴电动机 M1 的控制。为方便操作，主轴电动机 M1 采用两地控制方式，一组启动按钮 SB1 和停止按钮 SB5 安装在工作台上，另一组启动按钮 SB2 和停止按钮 SB6 安装在床身上。KM1 是主轴电动机 M1 的控制接触器，YC1 是主轴制动用的电磁离合器，SQ1 是主轴变速冲动的行程开关。

主轴电动机 M1 的控制包括启动控制、制动控制、换刀控制和变速冲动控制，详见表 4–4–1。

表 4–4–1 主轴电动机 M1 的控制

控制要求	控制作用	控制过程
启动控制	启动主轴电动机 M1	选择好主轴的转速和转向，按下启动按钮 SB1（或 SB2），接触器 KM1 得电吸合并自锁，M1 启动运转，同时，KM1 的辅助常开触点（9–10）闭合，为工作台进给电路提供电源
制动控制	停车时使主轴迅速停转	按下停止按钮 SB5（或 SB6），其常闭触点 SB5–1（或 SB6–1）（13 区）断开，接触器 KM1 线圈失电，其主触点断开，主轴电动机 M1 断电做惯性运转；同时，常开触点 SB5–2（或 SB6–2）（8 区）闭合，电磁离合器 YC1 得电，主轴电动机 M1 制动停转
换刀控制	更换铣刀时将主轴制动，以方便换刀	将换刀控制开关 SA1 扳向换刀位置，其常开触点 SA1–1（8 区）闭合，电磁离合器 YC1 得电，将主轴制动；同时，常闭触点 SA1–2（13 区）断开，切断控制电路，铣床不能通电运转，确保人身安全
变速冲动控制	保证变速后齿轮能良好啮合	变速时先将变速手柄向下压并向外拉出，转动变速盘选定所需转速后，将变速手柄推回。此时变速冲动行程开关 SQ1（13 区）短时受压闭合，主轴电动机 M1 点动，变速手柄推回原位后，SQ1 复位，主轴电动机 M1 断电，变速冲动结束

（2）进给电动机 M2 控制。M2 可拖动工作台前后、左右和上下六个方向的进给运动和快速移动，以及圆形工作台的回转运动。

1）工作台的左右进给运动控制。工作台的左右进给运动由左右进给手柄控制，该手柄与行程开关 SQ5、SQ6 联动，有左、中、右三个位置，其控制关系见表 4–4–2。

表 4-4-2 工作台左右进给手柄位置及其控制关系

手柄位置	行程开关动作	接触器动作	进给电动机 M2 转向	传动链搭合丝杠	工作台运动方向
左	SQ5	KM3	正转	左右进给丝杠	向左
中	—	—	停止	—	停止
右	SQ6	KM4	反转	左右进给丝杠	向右

2）工作台的上下和前后进给运动控制。工作台的上下和前后进给运动由上下和前后进给手柄控制，该手柄与行程开关 SQ3、SQ4 联动，有上、下、中、前、后 5 个位置，其控制关系见表 4-4-3。

表 4-4-3 工作台上下和前后进给手柄位置及其控制关系

手柄位置	行程开关动作	接触器动作	进给电动机 M2 转向	传向链搭合丝杠	工作台运动方向
上	SQ4	KM4	反转	上下进给丝杠	向上
下	SQ3	KM3	正转	上下进给丝杠	向下
中	—	—	停止	—	停止
前	SQ3	KM3	正转	前后进给丝杠	向前
后	SQ4	KM4	反转	前后进给丝杠	向后

3）左右进给与上下、前后进给的联锁控制。在控制进给的两个手柄中，当其中一个进给手柄被置于某一进给方向后，另一个进给手柄必须置于中间位置，否则将无法实现任何进给运动，这是因为在控制电路中对两者实行了联锁保护。例如，当把左右进给手柄扳到向左位置时，若又将上下和前后进给手柄扳到向下位置，则行程开关 SQ5 和 SQ3 均被压下，常闭触点 SQ5–2 和 SQ3–2 均断开，断开接触器 KM3 的电路，进给电动机 M2 只能停转，保证操作的安全。

4）进给变速时的瞬时点动。进给变速时，必须先将进给手柄放在中间位置，然后将进给变速盘向外拉出，转动变速盘选定进给速度后，再将变速盘向里推回原位，通过机械联锁机构配合压下行程开关 SQ2，使常闭触点 SQ2–2 断开，常开触点 SQ2–1 闭合，接触器 KM3 得电动作，进给电动机 M2 启动；但随着变速盘复位，行程开关 SQ2 也跟着复位，KM3 失电释放，M2 断电停转。这样使进给电动机 M2 瞬时点动一下，齿轮系统产生一次抖动，齿轮顺利实现啮合。

5）工作台的快速移动控制。安装好工件后，扳动进给操作手柄选定进给方向，按下快速移动按钮 SB3（或 SB4），接触器 KM2 得电吸合，KM2 辅助常闭触点断开，电磁离合器 YC2 失电，将齿轮传动链与进给丝杠分离；KM2 两对辅助常开触点闭合，一对使电磁离合器 YC3 得电，将进给电动机 M2 与进给丝杠直接搭合；另一对使接触器 KM3（或 KM4）得电吸合，进给电动机 M2 得电正转（或反转），带动工作台沿选定的方向快速移动。松开 SB3（或 SB4），快速移动停止。

6）圆形工作台的控制。当需要圆形工作台工作时，将转换开关 SA2 扳到接通位置，触点 SA2–1 和 SA2–3 断开，触点 SA2–2 闭合，接触器 KM3 得电吸合，进给电动机 M2 启动，通过一根专用轴带动圆形工作台做回转运动。当不需要圆形工作台工作时，将转换开关 SA2 扳到断开位置，这时触点 SA2–1 和 SA2–3 闭合，触点 SA2–2 断开，工作台在六个方向上正常进给，圆形工作台不能工作。

3. 照明电路分析

铣床照明由变压器 T1 提供 24 V 安全电压，由开关 SA4 控制，熔断器 FU5 作短路保护。

三、X62W 型卧式铣床电气控制线路的常见故障及其排除方法（见表 4–4–4）

表 4–4–4　X62W 型卧式铣床电气控制线路的常见故障及其排除方法

故障现象	主要故障点	检修排除方法
M1 不能启动	参见表 4–2–1	
M1 不能自锁		
M1 不能制动		
主轴不能变速冲动		
工作台在各个方向都不能进给	参见表 4–3–2	
工作台在各个方向都不能快速移动		
工作台不能变速冲动		
工作台不能向上、右、后进给		
工作台不能向下、左、前进给		
工作台不能向左进给		
工作台不能向右进给		

续表

故障现象	主要故障点	检修排除方法
工作台不能向下、前进给	参见表 4-3-2	
工作台不能向上、后进给		
圆形工作台不能回转		
M2 不能启动	电源缺相	修复断线，接好脱落线
M3 不能启动	电源缺相	修复断线，接好脱落线
铣床整机不能工作	TC 二次侧接线脱落	接好脱落线
	FU6 熔断	查找熔断原因，更换同型号熔体
EL 不亮	SA4 和 EL 接触不良或接线脱落	修复 SA4、EL，接好脱落线
	FU5 熔断	查找熔断原因，更换同型号熔体

四、X62W 型卧式铣床电气控制线路常见故障的检修流程

1. 故障一：主轴电动机 M1 不能启动

检修流程见本课题任务 2。

2. 故障二：主轴电动机 M1 停车时不能制动

检修流程如图 4-4-2 所示。

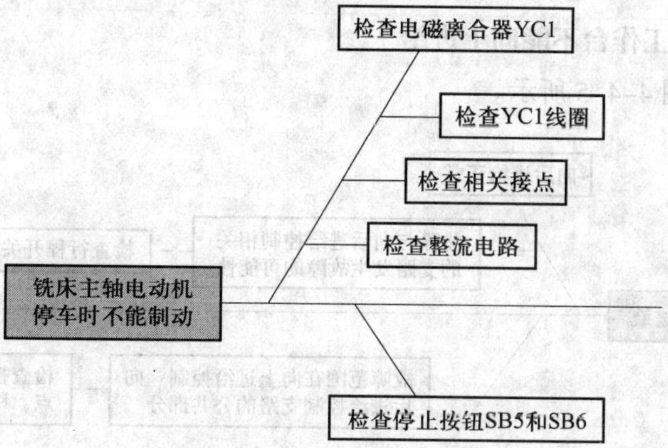

图 4-4-2　故障二检修流程

3. 故障三：工作台不能向左、右进给

检修流程如图 4-4-3 所示。

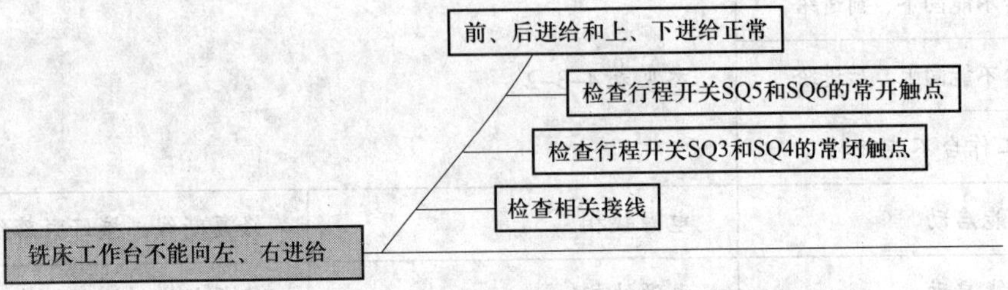

图 4-4-3 故障三检修流程

4. 故障四：工作台的各个方向都不能进给

检修流程见本课题任务 3。

5. 故障五：工作台在各个方向都不能快速移动

检修流程如图 4-4-4 所示。

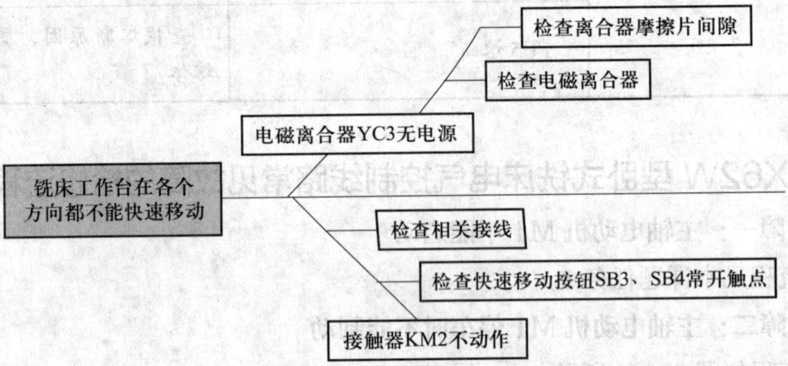

图 4-4-4 故障五检修流程

6. 故障六：工作台不能向上进给

检修流程如图 4-4-5 所示。

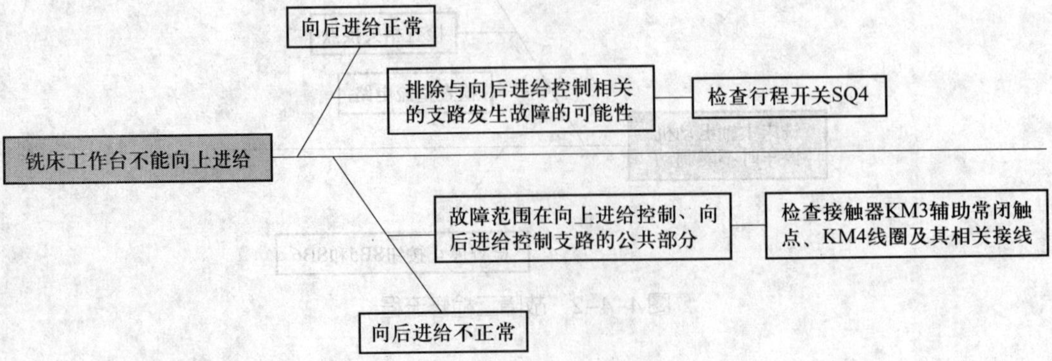

图 4-4-5 故障六检修流程

任务实施

一、准备工具和材料

按表 4-4-5 准备所需工具和材料。

表 4-4-5 工具、材料清单

工具	电工通用工具（1 套）、专用工具（如手电钻、压线钳、各种扳手等）				
仪表	ZC25-3 型兆欧表（500 V）、MG3-1 型钳形电流表、MF47 型万用表				
资料	任务单、出厂资料、维修档案、施工图纸、维修计划模板、维修记录模板、电工安全操作规程、电工手册、电气装置安装工程施工及验收规范等				
材料	导线、控制器件、保护器件、线槽、线管、绝缘材料、劳保用品、安全警示牌、警戒围栏				
器材	代号	名称	型号	规格	数量
	M1	主轴电动机	Y132M-4-B3	7.5 kW、380 V、1 450 r/min	1
	M2	进给电动机	Y90L-4	1.5 kW、380 V、1 400 r/min	1
	M3	冷却泵电动机	JCB-22	125 W、380 V、2 790 r/min	1
	QS1	开关	HZ10-60/3J	60 A、380 V	1
	QS2	开关	HZ10-10/3J	10 A、380 V	1
	SA1	开关	LS2-3A	10 A、500 V	1
	SA2	开关	HZ10-10/3J	10 A、380 V	1
	SA3	开关	HZ3-133	10 A、500 V	1
	FU1	熔断器	RL1-60/50	60 V、熔体 50 A	3
	FU2	熔断器	RL1-15/10	15 V、熔体 10 A	3
	FU3、FU6	熔断器	RL1-15/4	15 V、熔体 4 A	2
	FU4、FU5	熔断器	RL1-15/2	15 V、熔体 2 A	2
	KH1	热继电器	JR0-40	整定电流 16 A	1
	KH2	热继电器	JR10-10	整定电流 0.43 A	1
	KH3	热继电器	JR10-10	整定电流 3.4 A	1
	T2	变压器	BK-100	380 V/36 V	1
	TC	变压器	BK-150	380 V/110 V	1
	T1	照明变压器	BK-50	50 V·A、380 V/24 V	1
	VC	整流器	2CZ×4	5 A、50 V	4
	KM1	接触器	CJ10-20	20 A、线圈电压 110 V	1

续表

	代号	名称	型号	规格	数量
器材	KM2 ~ KM4	接触器	CJ10–10	10 A、线圈电压 110 V	3
	SB1、SB2	按钮	LA2	绿色	2
	SB3、SB4	按钮	LA2	黑色	2
	SB5、SB6	按钮	LA2	红色	2
	YC1	电磁离合器	B1DL–Ⅲ	—	1
	YC2、YC3	电磁离合器	B1DL–Ⅱ	—	2
	SQ3、SQ4	行程开关	LX2–131	单轮自动复位	2
	SQ1、SQ2、SQ5、SQ6	行程开关	LX3–11K	开启式	4

二、检修故障

1．故障一

（1）观察故障现象：主轴电动机 M1 不能启动。

（2）确定故障范围、查找故障点和排除故障方法见本课题任务 2。

2．故障二

（1）观察故障现象：主轴电动机 M1 停车时不能制动。

（2）确定故障范围并查找故障点：重点检查电磁离合器 YC1 线圈是否断路、接点是否接触不良，整流电路有无故障等，此外，还应检查停止按钮 SB5 和 SB6 是否接触不良、相关接线是否脱落。

3．故障三

（1）观察故障现象：工作台不能向左、右进给。

（2）确定故障范围并查找故障点：首先，应检查前、后进给和上、下进给是否正常，如果正常，则说明进给电动机 M2 主电路，接触器 KM3、KM4 以及与左、右进给相关的公共支路均正常。然后，应重点检查行程开关 SQ5、SQ6 的常开触点 SQ5–1、SQ6–1 能否闭合，是否接触不良或接线脱落。一般情况下，SQ5、SQ6 的常开触点同时发生故障的可能性较小。

4．故障四

（1）观察故障现象：工作台的各个方向都不能进给。

（2）确定故障范围、查找故障点和排除故障方法见本课题任务 3。

5．故障五

（1）观察故障现象：工作台在各个方向都不能快速移动。

（2）确定故障范围并查找故障点：如果工作台的各个方向常速进给运行正常，但不能快速移动，则应先检查快速移动按钮 SB3 和 SB4、接触器 KM2 是否正常。如果 SB3、SB4 和 KM2 均正常，而电磁离合器 YC3 电路的电压也正常，则故障可能发生在 YC3 本身，常见的故障原因有电磁离合器线圈损坏或机械卡死，离合器的动、静摩擦片间隙调整不当等。

6. 故障六

（1）观察故障现象：工作台不能向上进给。

（2）确定故障范围并查找故障点：首先，检查向后进给是否正常，如果向后进给正常，则可以排除与向上进给控制相关的支路发生故障的可能性，说明故障发生在行程开关 SQ4 的范围内，例如，多次操作后，行程开关 SQ4 因安装螺钉松动而移位，造成进给手柄虽已到位，但 SQ4 的常开触点 SQ4–1 仍不能闭合，导致工作台不能向上进给。如果向后进给不正常，则说明故障发生在向上、向后进给控制支路的公共部分，应检查接触器 KM3 的辅助常闭触点和 KM4 线圈是否接触不良或接线脱落。

在掌握 X62W 型卧式铣床电气控制线路常见故障的检修流程和方法后，由教师根据实际情况设置综合故障点，在教师指导下从故障现象着手进行分析，采用正确的检查步骤和检修方法自行独立进行检修，并做好维修记录。

拓展学习 1

X6132 型铣床电气控制线路的检修

一、X6132 型铣床电气控制线路的工作原理分析

X6132 型铣床电气控制线路如图 4–4–6 所示。

该铣床的动力由 380 V 三相交流电源提供，变压器 TC 两侧均有熔断器作短路保护。三台电动机由热继电器作过载和断相保护，熔断器作短路保护。

1. 主轴运动控制

主轴启动时，首先转动组合开关 QS 接通电源，再将换向开关 SA3 扳到主轴所需要的旋转方向，然后按下启动按钮 SB3 或 SB4，接触器 KM1 得电吸合，主轴电动机 M1 启动运转。

主轴停止时，按下停止按钮 SB1 或 SB2，接触器 KM1 失电释放，并接通主轴制动电磁离合器 YC1，主轴制动停转。

主轴变速时，为了使齿轮易于啮合，需要主轴电动机 M1 瞬时点动。当变速手柄推回原位时，压下行程开关 SQ7，接触器 KM1 瞬时接通，主轴电动机 M1 即做瞬时点动。操作时，应以连续地较快速度推回变速手柄，以免电动机转速过高而打坏齿轮。

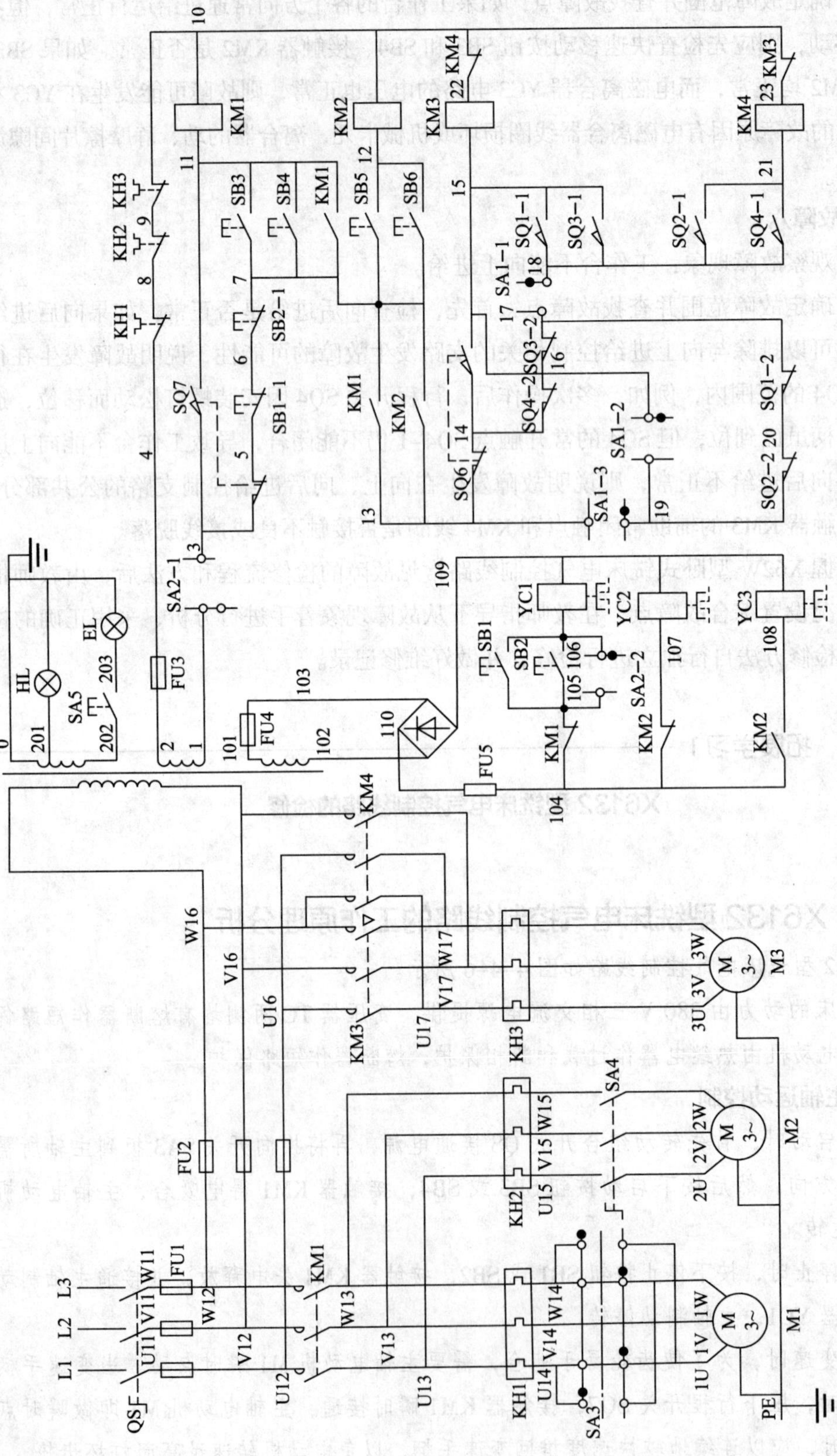

图 4-4-6　X6132 型铣床电气控制线路

2. 进给运动控制

铣床工作台的上、下、前、后进给运动由上下和前后进给手柄控制，该手柄的联动机构与两个行程开关相连。行程开关安装在工作台的左侧，靠后的是 SQ3，用于控制工作台向前和向下进给；靠前的是 SQ4，用于控制工作台向后和向上进给。

铣床工作台的左、右进给运动由左右进给手柄控制，其联动机构控制行程开关 SQ1、SQ2，分别控制工作台向右、向左进给，手柄所指的方向即是进给方向。

铣床工作台向后、向上进给的控制过程如下：上下和前后进给手柄压下行程开关 SQ4，接通接触器 KM4 线圈电源，即按选择方向做进给运动。

铣床工作台向前、向下进给的控制过程如下：上下和前后进给手柄压下行程开关 SQ3，接通接触器 KM3 线圈电源，即按选择方向做进给运动。

铣床工作台变速冲动的控制过程如下：需要变换进给速度时，将蘑菇形手柄向前拉至极端位置且在反向推回之前借助孔盘推动行程开关 SQ6，瞬时接通接触器 KM3 线圈电源，则进给电动机 M2 做瞬时点动，使齿轮容易啮合。

3. 快速移动控制

主轴启动后，将进给手柄扳到相应的位置，工作台即按手柄所指的方向以选定的速度做进给运动，此时若按下快速移动按钮 SB5 或 SB6，接通接触器 KM2 线圈电源，接通快速移动电磁离合器 YC3，并切断进给电磁离合器 YC2，工作台按原运动方向快速移动；松开快速移动按钮，快速移动立即停止，仍以原速度继续做进给运动。

4. 主轴换刀制动控制

当主轴需要换刀时，首先将换刀制动开关 SA2 扳到断开位置确保主轴不能旋转，然后换刀；换刀完毕，再将 SA2 扳到接通位置，主轴方可启动。

5. 冷却泵电动机控制

主轴电动机 M1 启动后，将开关 SA4 扳到接通位置，冷却泵电动机 M2 启动。

6. 机床照明控制

机床照明电源由变压器 TC 提供，照明灯由开关 SA5 控制。

二、X6132 型铣床电气控制线路常见故障的检修

1. 故障现象：铣床全部电动机均不能启动

故障分析：（1）检查换刀制动开关 SA2 是否在接通位置，检查熔断器是否熔断。若有熔断器熔断，应进一步分析熔断原因，排除后更换同型号熔体。

（2）检查热继电器 KH1、KH2、KH3 常闭触点是否断开未复位。若有热继电器常闭触点断开，应查明其动作原因，排除后将其复位。

（3）检测变压器 TC 的输出电压是否正常。如果输出电压正常，则应继续检查行程开关 SQ7 的常闭触点是否接触良好、相关接线是否脱落；如果 SQ7 常闭触点接触不良，

应修复或更换；如果相关接线脱落，应按图样正确接好脱落线。如果输出电压为0，则应继续检测TC的输入电压（交流380 V）是否正常。如果输入电压正常，则说明变压器故障，应修复或更换变压器；如果输入电压为0，则应继续检查电源开关QS触点是否接触良好、相关接线是否脱落。如果电源开关接触不良，应修复或更换。

此外，电动机电源缺相也会导致电动机不能启动，应分析原因将其排除。

2. 故障现象：铣床主轴电动机变速时无冲动

故障分析：（1）主轴电动机变速冲动，主要由行程开关SQ7的动作来完成。首先应检查变速过程中机械顶销是否动作或者虽动作但压不下行程开关SQ7。如果是上述故障原因，应检修机械顶销，使其动作恢复正常，在变速手柄推回过程中，能压下SQ7。

（2）如果SQ7能被正常压下，则故障原因可能是SQ7的常开触点接触不良或相关接线脱落，应修复或更换SQ7，接好脱落线。

3. 故障现象：按下停止按钮SB1或SB2，主轴不能停车

故障分析：（1）检查停止按钮SB1、SB2的常闭触点或相关接线是否短路，应找出原因后进行修复。

（2）检查接触器KM1主触点是否熔焊，应找出原因将其排除，并更换KM1主触点。

4. 故障现象：主轴停车时不能制动

故障分析：采用电压测量法查找故障点。首先检测主轴停车制动时，电磁离合器YC1两端的电压是否正常（直流24 V）。

（1）如果电压为0，则应继续检查熔断器FU5是否熔断，24 V直流电源是否正常，接触器KM1的辅助常闭触点、停止按钮SB1和SB2的常开触点是否接触良好，相关接线是否脱落。

（2）如果电压低，则故障原因可能是直流电源整流桥路中某一臂开路而成为半波整流，或YC1线圈内部局部短路引起电流过大将电压拉低，或电路中某处接触不良。

（3）如果电压正常，则应继续检查YC1线圈是否断路，机械部分、离合器摩擦片等是否有卡阻。

5. 故障现象：铣床进给电动机不能启动

故障分析：当主轴电动机已启动，而进给电动机不能启动时，首先应检查接触器KM3或KM4是否吸合。

（1）接触器KM3或KM4不吸合

1）检查转换开关SA1是否接触良好，如果接触不良，应修复转换开关触点。

2）检查接触器KM3、KM4线圈是否断路，如果有线圈断路，应修复或更换线圈。

3）检查接触器KM3和KM4的辅助常闭触点、接触器KM1和KM2的辅助常开触点是否接触良好，相应行程开关的触点是否接触良好。如果有问题，应进行相应的修复。

（2）接触器 KM3 或 KM4 吸合

1）检测进给电动机 M3 的输入端电压是否正常，如果输入端电压正常，则应继续检查进给电动机是否有问题或机械卡死。如果进给电动机有问题，应修复进给电动机；如果机械卡死，应修复机械部分。

2）如果输入端电压不正常，则应继续检查熔断器 FU2 是否熔断，接触器 KM3、KM4 的主触点是否接触良好，热继电器 KH3 是否烧坏，相关接线是否脱落。如果有问题，则应进行相应的修复或更换。

6. 故障现象：工作台升降和横向进给正常，纵向（左、右）不能进给

故障分析:（1）检查行程开关 SQ3、SQ4、SQ6 常闭触点是否接触良好。如果接触不良，应修复其触点。

（2）检查行程开关 SQ1、SQ2 常开触点是否接触良好。如果接触不良，应修复其触点。

（3）左右进给手柄联动机构机械磨损，不能压下行程开关 SQ1、SQ2，也会导致纵向不能进给，应修复左右进给手柄联动机构。

7. 故障现象：进给电动机不能变速冲动

故障分析：进给电动机不能变速冲动的故障原因可能是行程开关 SQ6 常开触点接触不良，应修复其常开触点。

8. 故障现象：工作台不能快速移动

故障分析：首先检查接触器 KM2 是否吸合。

（1）如果 KM2 未吸合，则应继续检查 KM2 线圈是否断路，快速移动按钮 SB5、SB6 触点是否接触良好，相关接线是否脱落。如果有，进行相应的修复或更换。

（2）如果 KM2 吸合，则继续进行以下检查：

1）检查 KM2 主触点是否接触良好。如果接触不良，应修复其主触点。

2）检查电磁离合器 YC3 线圈是否断路，YC3 是否机械卡阻或动铁芯超行程。如果有问题，应修复电磁离合器 YC3 的线圈和铁芯。

3）检查离合器摩擦片是否调整不当。如果是，应重新调整摩擦片。

拓展学习 2

X62W 型卧式铣床电控系统的改造

一、X62W 型卧式铣床控制逻辑分析

根据 X62W 型卧式铣床电气控制线路（见图 4–4–1），X62W 型卧式铣床控制要求如下：

1. 铣床照明的控制

合上电源开关 QS1，接通开关 SA4，照明灯 EL 亮。

2. 主轴电动机 M1 的控制

（1）按下启动按钮 SB1 或 SB2，接触器 KM1 得电吸合，主轴电动机 M1 启动运转。按下停止按钮 SB5 或 SB6，主轴电动机 M1 制动停转。

（2）变速盘瞬时压合行程开关 SQ1，接触器 KM1 瞬时得电吸合，主轴电动机 M1 瞬时启动运转，对主轴变速齿轮进行冲动。

（3）将换刀控制开关 SA1 扳至换刀位置，常开触点 SA1–1 闭合，接通制动电磁离合器 YC1 线圈的电源，主轴被制动，操作人员可进行换刀操作。

3. 进给电动机 M2 的控制

（1）将工作台左右进给手柄扳至向左或向右位置，行程开关 SQ5 或 SQ6 被压合，接触器 KM3 或 KM4 得电吸合，进给电动机 M2 启动正转或反转，通过机械装置带动工作台向左或向右进给。

（2）将工作台上下和前后进给手柄扳至向下或向上位置，行程开关 SQ3 或 SQ4 被压合，接触器 KM3 或 KM4 得电吸合，进给电动机 M2 启动正转或反转，通过机械装置带动工作台向下或向上进给。

（3）将工作台上下和前后进给手柄扳至向前或向后位置，行程开关 SQ3 或 SQ4 被压合，接触器 KM3 或 KM4 得电吸合，进给电动机 M2 启动正转或反转，通过机械装置带动工作台向前或向后进给。

（4）变速盘瞬时压合行程开关 SQ2，接触器 KM3 瞬时得电吸合，进给电动机 M2 瞬时启动正转，对进给变速齿轮进行冲动。

（5）按下快速移动按钮 SB3 或 SB4，电磁离合器 YC2 失电，电磁离合器 YC3 得电，工作台可向六个进给方向中的任意一个方向快速移动。

（6）主轴电动机 M1 启动后，将转换开关 SA2 扳至接通位置，触点 SA2–1、SA2–3 断开，触点 SA2–2 闭合，接触器 KM3 得电吸合，进给电动机 M2 启动正转，带动圆形工作台回转。

此外，电控系统具有短路、过载保护等必要的保护措施。

二、输入输出通道地址分配

根据 X62W 型卧式铣床控制逻辑，写出 PLC 输入输出通道地址分配表（见表 4-4-6）。

表 4-4-6 输入输出通道地址分配表

输入			输出		
代号	功能	输入继电器	代号	功能	输出继电器
SB5、SB6	主轴电动机停止及制动	X000	KM1	控制主轴电动机运转	Y000
SB1、SB2	主轴电动机启动	X001	KM3	控制进给电动机正转	Y002
SB3、SB4	快速移动	X002	KM4	控制进给电动机反转	Y003
KH1、KH2	主轴电动机、冷却泵电动机过载保护	X003	YC1	主轴制动电磁离合器	Y004
KH3	进给电动机过载保护	X004	YC2	工作台常速进给电磁离合器	Y005
SA2-1	常速进给转换	X005	YC3	工作台快速移动电磁离合器	Y006
SA2-2	圆形工作台进给转换	X006			
SA1	换刀控制	X007			
SQ1	主轴变速冲动	X010			
SQ2	进给变速冲动	X011			
SQ3	工作台向下、向前进给	X012			
SQ4	工作台向后、向上进给	X013			
SQ5	工作台向左进给	X014			
SQ6	工作台向右进给	X015			

三、PLC 改造接线图

X62W 型卧式铣床 PLC 改造接线图如图 4-4-7 所示。

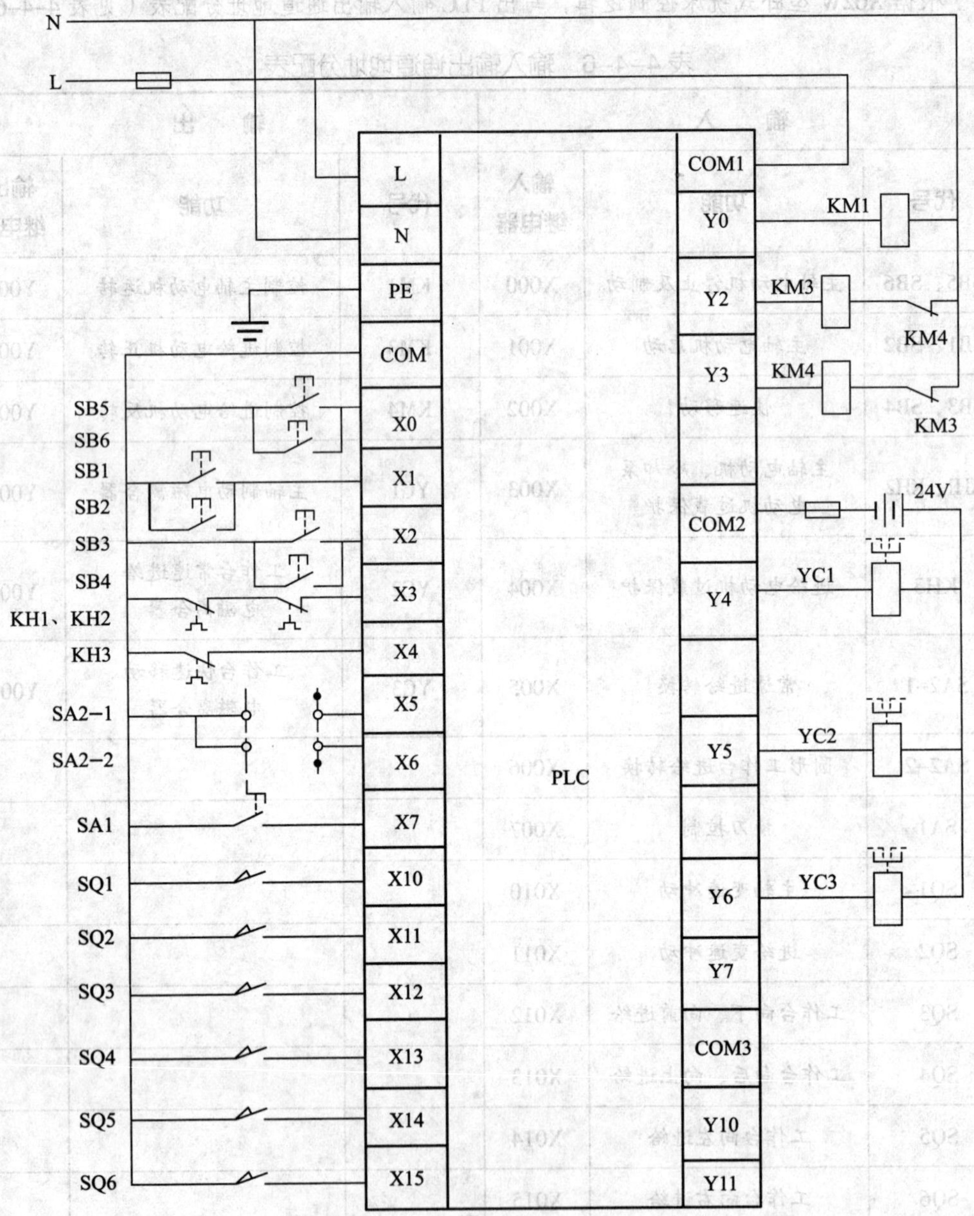

图 4-4-7　X62W 型卧式铣床 PLC 改造接线图

四、PLC 改造梯形图

X62W 型卧式铣床 PLC 改造梯形图如图 4-4-8 所示。

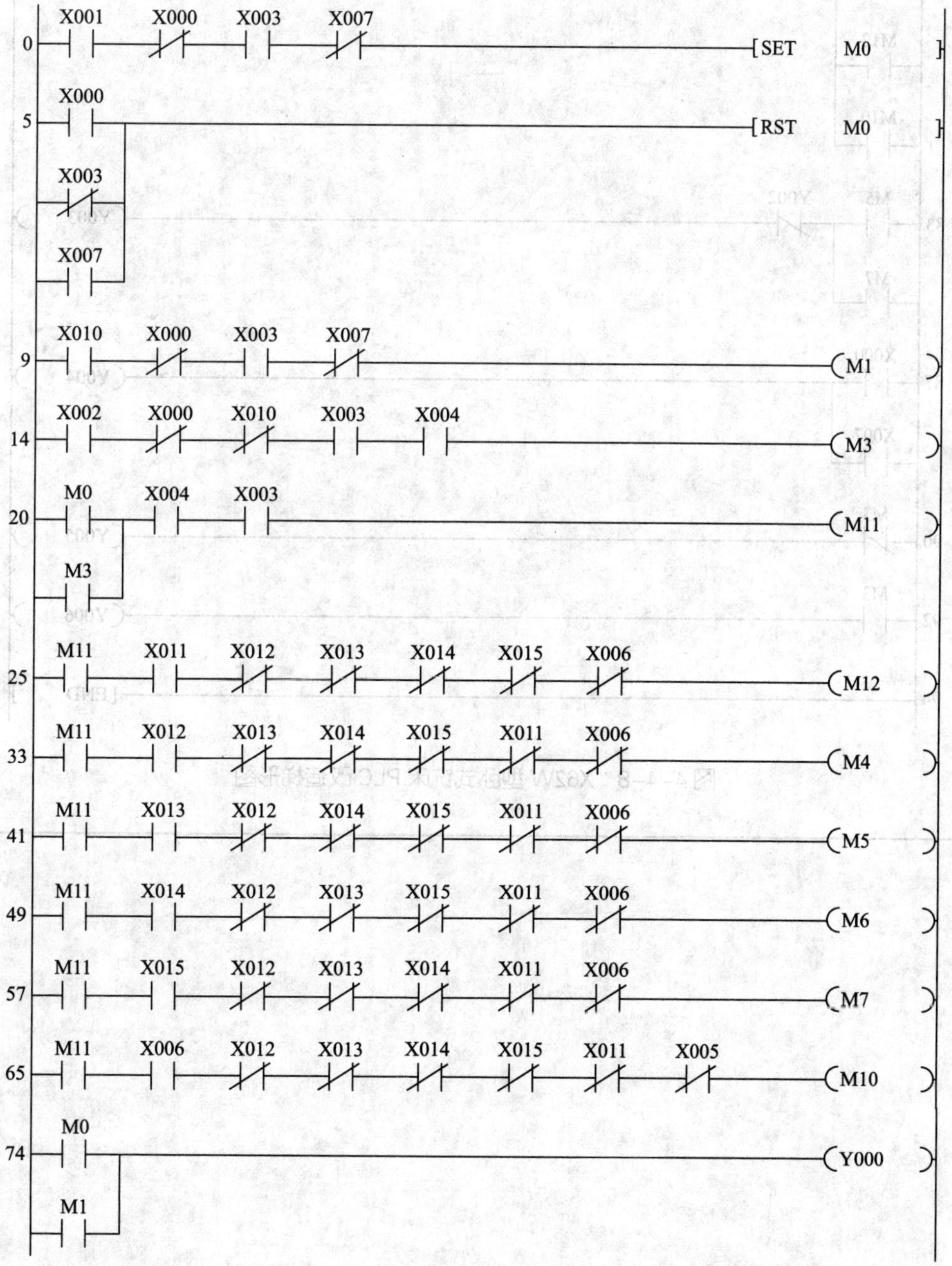

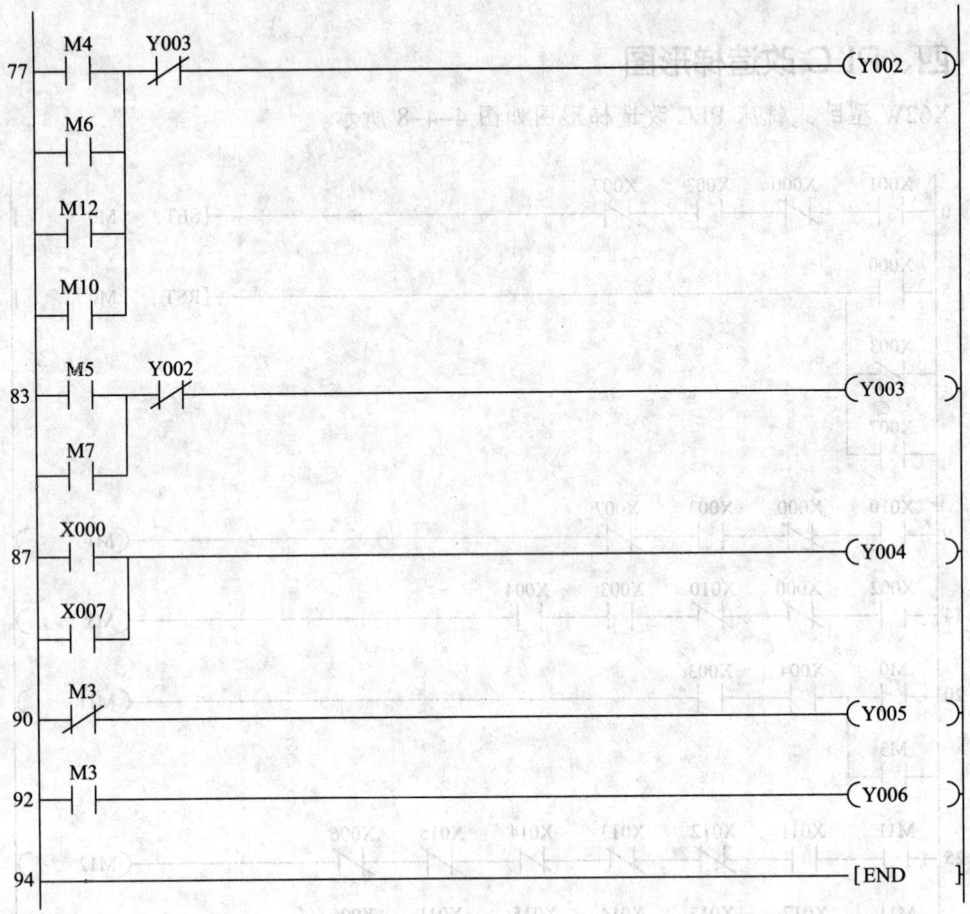

图 4-4-8　X62W 型卧式铣床 PLC 改造梯形图

课题五

T68 型卧式镗床电气控制线路维修

任务 1　T68 型卧式镗床主轴电动机无正转高低速故障维修

学习目标

1. 熟悉 T68 型卧式镗床的主要结构及型号含义。
2. 熟悉镗床主轴电动机的运动形式及控制要求。
3. 掌握镗床主轴电动机控制线路的工作原理。
4. 熟悉镗床主轴电动机控制线路的常见故障及其排除方法。
5. 掌握镗床主轴电动机无正转高低速故障的检修流程，能正确排除故障。

任务引入

某加工厂生产车间的 T68 型卧式镗床通电后主轴电动机无正转高低速，经维修班组长初步检查，判断为电气故障，需要对该设备控制线路进行检修。T68 型卧式镗床主轴电动机控制线路如图 5-1-1 所示。

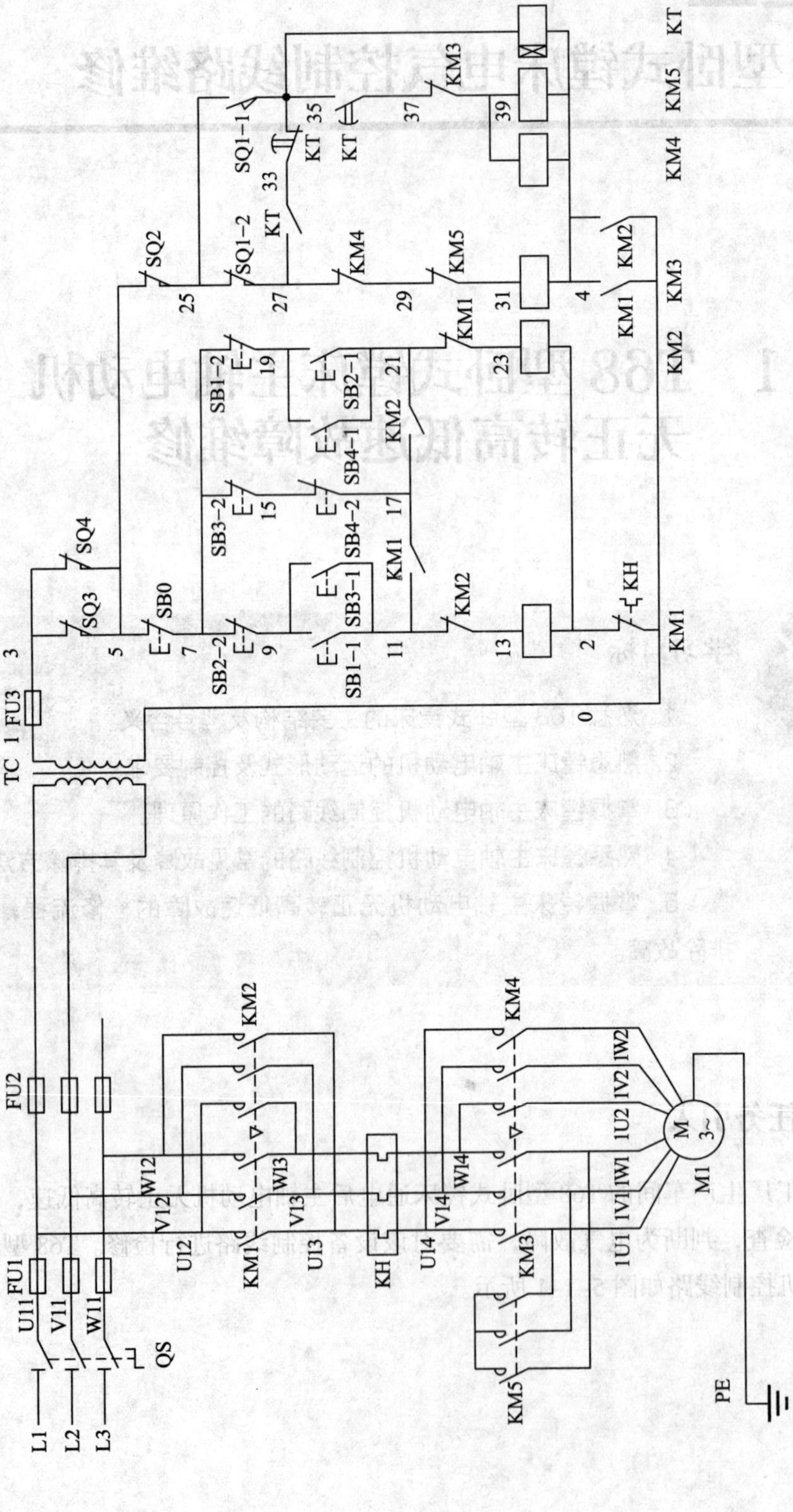

图 5-1-1　T68 型卧式镗床主轴电动机控制线路

相关知识

一、认识 T68 型卧式镗床

镗床是一种精密加工机床，主要用于加工精确的孔和孔间距离要求较为精确的零件。按用途不同，镗床可以分为卧式镗床、立式镗床、坐标镗床和专用镗床。生产中应用较广泛的是卧式镗床，其镗刀主轴水平放置，是一种多用途的金属切削机床，不但能完成钻孔、镗孔等孔加工，而且能切削端面、内圆、外圆及铣平面等。

1．T68 型卧式镗床的主要结构

T68 型卧式镗床的外形及结构如图 5–1–2 所示，主要由床身、工作台、主轴箱、前立柱、后立柱、下溜板、上溜板、电动机等部分组成。

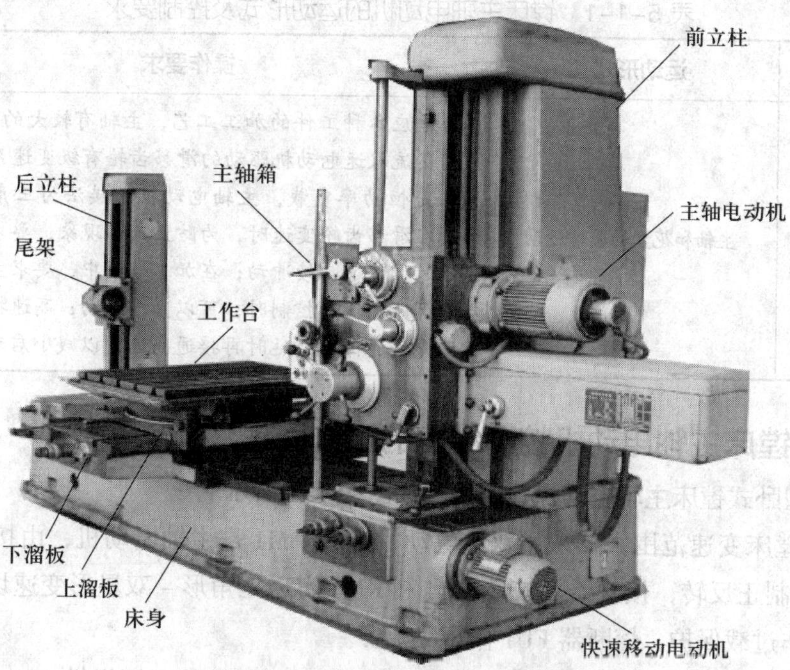

图 5–1–2　T68 型卧式镗床的外形及结构

（1）前立柱。固定安装在床身的右端，其垂直导轨装有可上下移动的主轴箱。

（2）主轴箱。装有主轴部件，主运动和进给运动变速传动机构以及操纵机构。

（3）后立柱。可沿床身导轨横向移动，调整位置，其上的镗杆支架可与主轴箱同步垂直移动。如有需要，可将其从床身上卸下。

（4）工作台。由下溜板、上溜板和回转工作台三层组成。下溜板可沿床身顶面上的水平导轨做纵向移动。上溜板可沿下溜板顶部的导轨做横向移动。回转工作台可沿上溜板的环形导轨绕垂直轴线转动，能使工件在水平面内调整至一定角度位置，以便在一次安装中对互相平行或成一定角度的孔与平面进行加工。

（5）电动机。两台 380 V 三相笼型异步电动机分别用作主轴电动机（双速）和快速移动电动机。

2. T68 型卧式镗床的型号含义（见图 5-1-3）

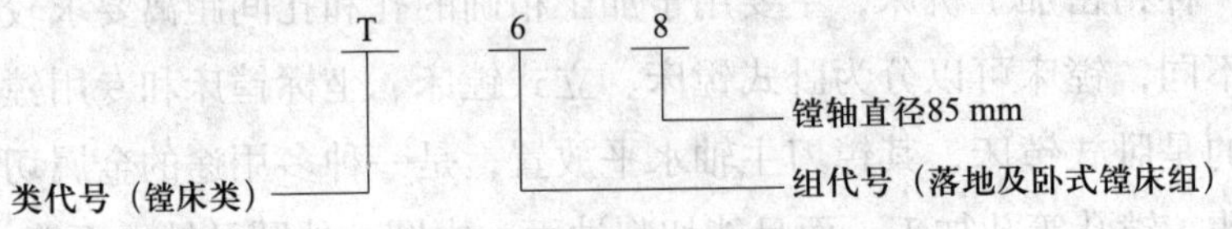

图 5-1-3　T68 型卧式镗床的型号含义

二、镗床主轴电动机的运动形式及控制要求（见表 5-1-1）

表 5-1-1　镗床主轴电动机的运动形式及控制要求

运动种类	运动形式	操作要求
主运动	主轴和花盘的旋转运动	为适应各种工件的加工工艺，主轴有较大的调速范围，采用交流双速电动机驱动的滑移齿轮有级变速系统。镗削加工是恒功率负载，主轴电动机的接法为三角形－双星形。在滑移齿轮变速时，为防止顶齿现象，要求主轴系统变速时做低速断续冲动；在加工过程中，要求主轴正反转点动调速；低速控制时，可以直接启动；高速控制时，应确保先接通低速经延时再接通高速，以减小启动电流

三、镗床主轴电动机控制线路的工作原理

T68 型卧式镗床主轴电动机控制线路如图 5-1-1 所示。

由于镗床变速范围大，采用双速电动机拖动。M1 是主轴电动机，由接触器 KM1 和 KM2 控制正反转，接触器 KM3、KM4 和 KM5 实现三角形－双星形变速切换，热继电器 KH 作过载保护，熔断器 FU1 作短路保护。

控制电路的电源由控制变压器 TC 二次侧输出 110 V 交流电压提供。

1. 主轴电动机 M1 低速正反转及点动控制

（1）低速正转控制准备。其控制过程如下：

按下按钮SB1 → 接触器KM1线圈得电 →
- → KM1辅助常闭触点（21–23）断开，对接触器KM2联锁
- → KM1主触点闭合
- → KM1辅助常开触点（11–17）闭合自锁
- → KM1辅助常开触点（4–0）闭合

→ 为主轴电动机M1得电做准备

（2）低速正转控制。低速正转控制准备过程只是使主电路中的接触器 KM1 吸合，为主轴电动机 M1 正转创造条件。从主电路看出，要使主轴电动机 M1 运转，还必须使接触器 KM3（或 KM4 和 KM5）得电吸合。KM3 吸合，主轴电动机 M1 接成三角形低速运转；KM4 和 KM5 吸合，主轴电动机 M1 接成双星形高速运转。高、低速切换控制由变速手柄操作。主轴电动机有两级调速，齿轮箱有九级调速，配合可得 18 级速度。变速手柄置于“低速”挡时，常开触点 SQ1–1 未闭合，常闭触点 SQ1–2 未断开，接触器 KM3 得电吸合，主轴电动机 M1 接成三角形低速正转。其控制过程如下（结合低速正转控制准备过程，按下按钮 SB1，接触器 KM1 线圈得电，KM1 各触点已动作）：

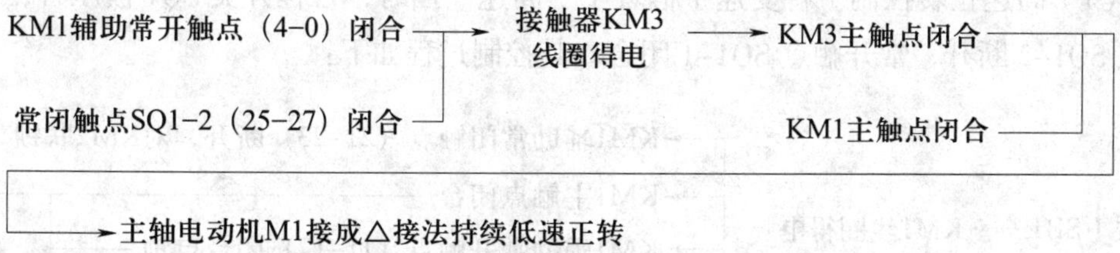

（3）低速反转控制。与低速正转控制类似，变速手柄置于“低速”挡时，SQ1–1 未闭合，SQ1–2 未断开，然后按下按钮 SB2，主轴电动机 M1 低速反转，其控制过程如下：

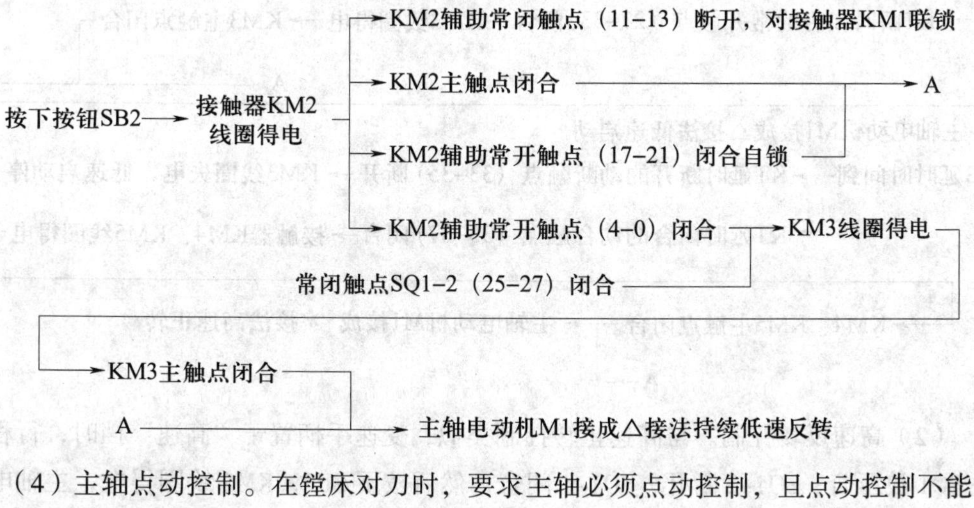

（4）主轴点动控制。在镗床对刀时，要求主轴必须点动控制，且点动控制不能自锁。SB3 为正转点动按钮，SB4 为反转点动按钮。

按下正转点动按钮 SB3，触点 SB3–2 断开，切断自锁支路，触点 SB3–1 闭合，KM1 得电吸合，其辅助常开触点（4–0）闭合使 KM3 得电吸合，主轴电动机 M1 正转点动；松开 SB3 时，KM1 失电，其辅助常开触点（4–0）恢复断开使 KM3 失电，M1 停止正转点动。

同理，按下反转点动按钮 SB4，KM2 得电吸合，其辅助常开触点（4–0）闭合使

KM3 得电吸合，主轴电动机 M1 反转点动；松开 SB4 时，KM2 失电，其辅助常开触点（4–0）恢复断开使 KM3 失电，M1 停止反转点动。

2. 主轴电动机 M1 高速正反转控制

为了减小高速启动电流，主轴电动机 M1 高速运转前，先低速启动，然后切换到高速运转，由时间继电器 KT 控制。压下变速手柄，有时会压住行程开关 SQ1，有时没压住，而主轴电动机的两级调速和齿轮箱的九级调速互相组合成 18 级速度，因此，主轴电动机在高速运转时，主轴不一定是高速转动，同样主轴电动机在低速运转时，主轴也不一定是低速转动，主轴转速要根据传动系统的配合确定。

（1）高速正转控制。将变速手柄置于“高速”挡时，行程开关 SQ1 被压合，常闭触点 SQ1–2 断开，常开触点 SQ1–1 闭合。其控制过程如下：

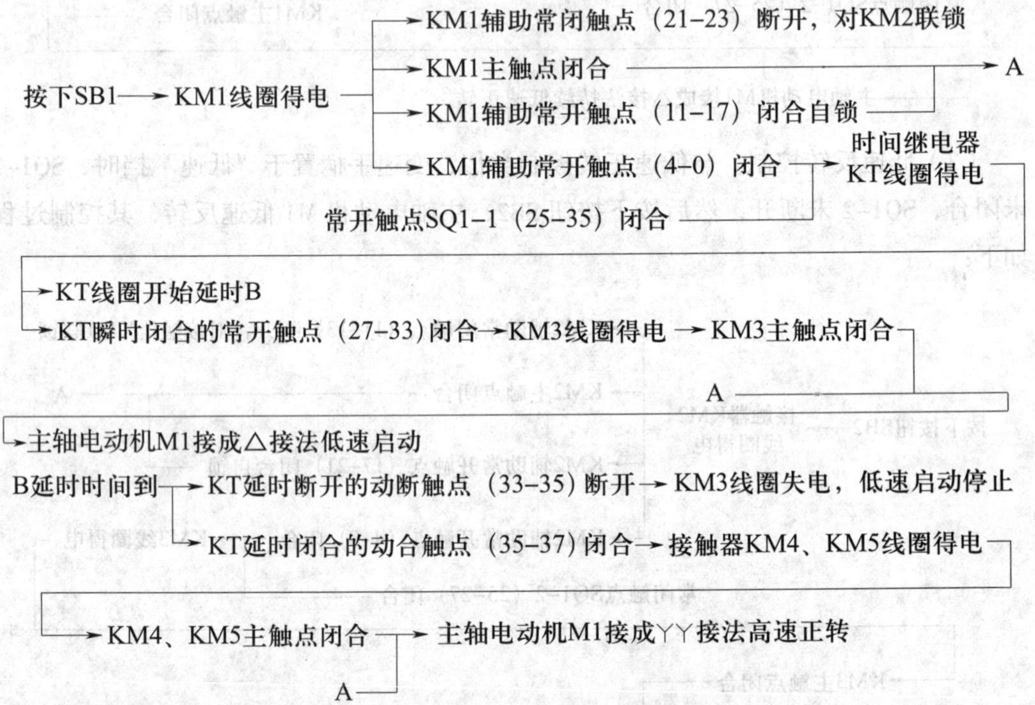

（2）高速反转控制。与高速正转控制类似，变速手柄置于“高速”挡时，行程开关 SQ1 被压合，SQ1–2 断开，SQ1–1 闭合，然后按下 SB2，KM2 线圈得电，主轴电动机 M1 先接成三角形低速启动，经 KT 延时后，再接成双星形高速反转。

3. 变速冲动控制

T68 型卧式镗床可以在运转过程中变速。需要变速时，将变速手柄拉出，此时变速手柄将压住行程开关 SQ2，使 SQ2 断开，KM3 或 KM4、KM5 均断电，主轴电动机 M1 立刻被制动。选择好转速后，将变速手柄推回，SQ2 复位，无论此时是否压住行程开关 SQ1，主轴电动机 M1 将低速启动，使齿轮啮合。如果齿轮不能啮合，变速手柄通过弹簧装置将行程开关 SQ2 瞬时闭合又断开，电动机产生冲动，再将变速手柄推回，就很容易啮合了。

四、镗床主轴电动机控制线路的常见故障及其排除方法（见表 5-1-2）

表 5-1-2　镗床主轴电动机控制线路的常见故障及其排除方法

故障现象	主要故障点	检修排除方法
M1 只有一个方向能启动，另一个方向不能启动	不能启动方向所对应的启动按钮或接触器故障	修复或更换故障按钮或接触器
M1 正反向都不能启动	FU1、FU2、KH 和 KM3 故障	修复或更换 FU1、FU2、KH、KM3
M1 只能在低速挡运转，不能在高速挡运转	KT 损坏或 SQ1 安装位置移动	修复或更换 KT、SQ1
变速手柄置于高速挡时，M1 低速启动后仍一直低速运转	KT 延时部分故障	修复或更换 KT
变速手柄置于高速挡时，M1 低速启动后不能切换到高速运转而自动停车	KT 延时断开的动断触点或 KM3 辅助常闭触点接触不良	修复或更换 KT、KM3

五、镗床主轴电动机无正转高低速故障的检修流程（见图 5-1-4）

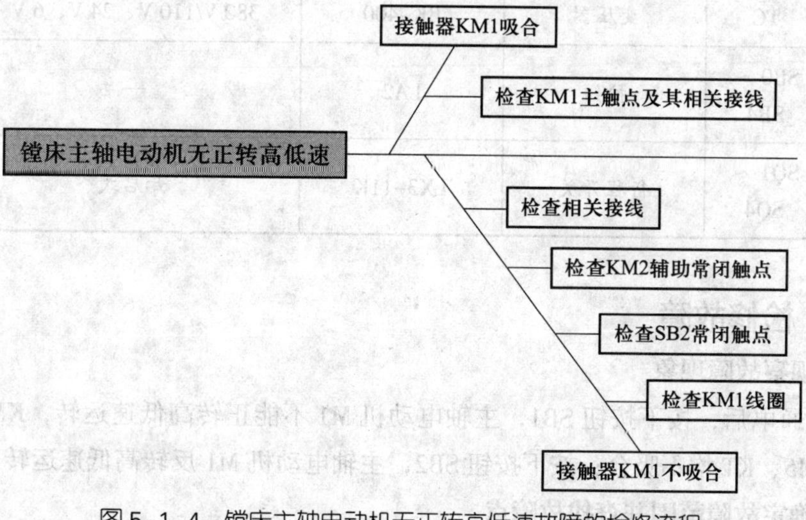

图 5-1-4　镗床主轴电动机无正转高低速故障的检修流程

任务实施

一、准备工具和材料

按表 5-1-3 准备所需工具和材料。

表 5-1-3 工具、材料清单

工具	电工通用工具（1 套）、专用工具（如手电钻、压线钳、各种扳手等）				
仪表	ZC25-3 型兆欧表（500 V）、MG3-1 型钳形电流表、MF47 型万用表				
资料	任务单、出厂资料、维修档案、施工图纸、维修计划模板、维修记录模板、电工安全操作规程、电工手册、电气装置安装工程施工及验收规范等				
材料	导线、控制器件、保护器件、线槽、线管、绝缘材料、劳保用品、安全警示牌、警戒围栏				
器材	代号	名称	型号	规格	数量
	KH	热继电器	JR16-40/3D	整定电流 14.5 A	1
	KM1 ~ KM5	交流接触器	CJ10-40	40 A、线圈电压 110 V	5
	KT	时间继电器	JS7-2	线圈电压 110 V	1
	FU1	熔断器	RL1-60/40	60 A、熔体 40 A	3
	QS	开关	HZ2-25/3	5 A、500 V	1
	TC	变压器	BK-400	380 V/110 V、24 V、6 V	1
	SB0 ~ SB4	按钮	LA2	—	5
	SQ1 ~ SQ4	行程开关	LX3-11K	开启式	4

二、检修故障

1. 观察故障现象

镗床通电后，按下按钮 SB1，主轴电动机 M1 不能正转高低速运转，KM1、KM3、KM4、KM5、KT 均不吸合；按下按钮 SB2，主轴电动机 M1 反转高低速运转正常。

2. 确定故障范围并查找故障点

首先，检测接触器 KM1 线圈两端电压是否正常。如果 KM1 线圈两端电压正常，则说明 KM1 线圈出现故障；如果 KM1 线圈两端电压不正常，则继续检测 0# 接点与 SB2 上的 7# 接点间的电压是否为 110 V。如果 0# 接点与 7# 接点间的电压不是 110 V，则继续检查 7# 接线；如果 0# 接点与 7# 接点间的电压是 110 V，则继续检测 0# 接点与 9# 接点间的电压是否为 110 V。如果 0# 接点与 9# 接点间的电压不是 110 V，则继续检查 9# 接线和 SB2 常闭触点；如果 0# 接点与 9# 接点间的电压是 110 V，则继续检查 11# 接线、KM2 辅助常闭触点、13# 接线和 2# 接线。

3. 排除故障

（1）在有故障的镗床上或人为设置自然故障点的镗床上，由教师进行示范检修，边分析边检查，直至故障排除。

（2）由教师设置已知故障点，在教师指导下从故障现象着手进行分析，采用正确的检查步骤和检修方法进行检修。

任务 2　T68 型卧式镗床快速移动电动机不能正转故障维修

学习目标

1. 熟悉镗床快速移动电动机的运动形式及控制要求。
2. 掌握镗床快速移动电动机控制线路的工作原理。
3. 熟悉镗床快速移动电动机控制线路的常见故障及其排除方法。
4. 掌握镗床快速移动电动机不能正转故障的检修流程，能正确排除故障。

任务引入

某加工厂生产车间的 T68 型卧式镗床加工时快速移动电动机不能正转，经维修班组长初步检查，判断为电气故障，需要对该设备控制线路进行检修。T68 型卧式镗床快速移动电动机控制线路如图 5-2-1 所示。

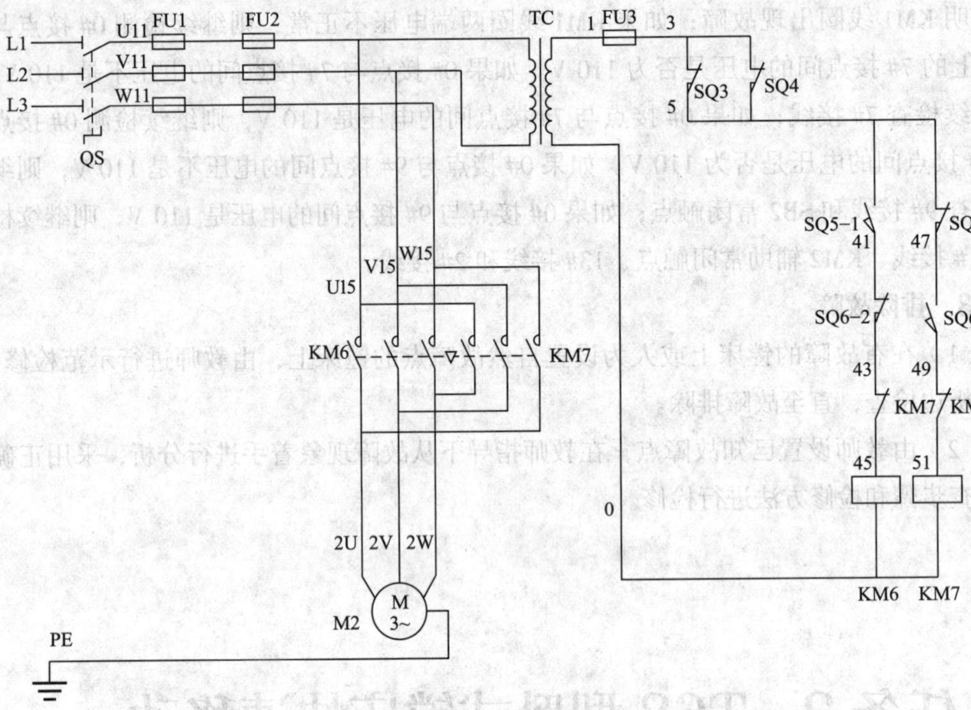

图 5-2-1　T68 型卧式镗床快速移动电动机控制线路

相关知识

一、镗床快速移动电动机的运动形式及控制要求（见表 5-2-1）

表 5-2-1　镗床快速移动电动机的运动形式及控制要求

运动种类	运动形式	控制要求
辅助运动	部件的快速移动	镗床的主运动及各种常速进给运动由主轴电动机驱动，镗床各部件的快速移动由快速移动电动机驱动；变速通过行程开关、接触器共同完成

二、镗床快速移动电动机控制线路的工作原理

T68 型卧式镗床快速移动电动机控制线路如图 5-2-1 所示。

M2 是快速移动电动机，由接触器 KM6 和 KM7 控制正反转，熔断器 FU1、FU2 作短路保护。

1．快速移动控制

镗头架在前立柱垂直导轨上的垂直快速移动、工作台的快速移动、尾架的快速移动和后立柱的水平快速移动，都由快速移动电动机 M2 拖动。若快速移动手柄将行程开关

SQ5 的常开触点 SQ5–1 压合，接触器 KM6 得电吸合，快速移动电动机 M2 正转；若快速移动手柄将行程开关 SQ6 的常开触点 SQ6–1 压合，接触器 KM7 得电吸合，快速移动电动机 M2 反转。快速移动电动机 M2 的动力传到什么地方，完全由快速移动手柄控制。

2. 安全保护联锁

控制电路中，两个行程开关 SQ3、SQ4 分别受快速移动手柄、主轴和平旋盘进给手柄操纵。如果两个手柄中只有一个处于“进给”位置，则将 SQ3 和 SQ4 中的其中一个压合，由于 SQ3 和 SQ4 是并联的，因此，压合一个行程开关，另一个行程开关仍然可通电。如果镗床正在快速移动，又让镗头进给，即两个手柄同时处于“进给”位置，则 SQ3 和 SQ4 均被压合，控制电路断电，镗床停止工作。

三、镗床快速移动电动机控制线路的常见故障及其排除方法（见表 5–2–2）

表 5–2–2 镗床快速移动电动机控制线路的常见故障及其排除方法

故障现象	主要故障点	检修排除方法
M2 不能正转	常开触点 SQ5–1、常闭触点 SQ6–2、KM6 线圈、KM7 辅助常闭触点接触不良或相关接线脱落	修复或更换 SQ5、SQ6、KM6、KM7，接好脱落线
M2 不能反转	常开触点 SQ6–1、常闭触点 SQ5–2、KM7 线圈、KM6 辅助常闭触点接触不良或相关接线脱落	修复或更换 SQ5、SQ6、KM6、KM7，接好脱落线
M2 不能正反转	熔断器 FU1、FU2 熔断或控制电路的公共部分故障	修复或更换 FU1、FU2，修复控制电路公共部分故障点

四、镗床快速移动电动机不能正转故障的检修流程（见图 5–2–2）

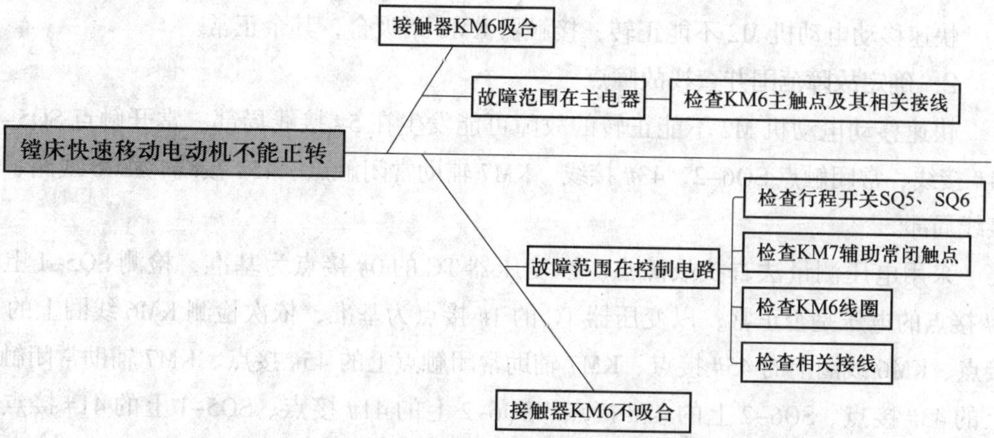

图 5–2–2 镗床快速移动电动机不能正转故障的检修流程

任务实施

一、准备工具和材料

按表 5–2–3 准备所需工具和材料。

表 5–2–3　工具、材料清单

工具	电工通用工具（1 套）、专用工具（如手电钻、压线钳、各种扳手等）				
仪表	ZC25–3 型兆欧表（500 V）、MG3–1 型钳形电流表、MF47 型万用表				
资料	任务单、出厂资料、维修档案、施工图纸、维修计划模板、维修记录模板、电工安全操作规程、电工手册、电气装置安装工程施工及验收规范等				
材料	导线、控制器件、保护器件、线槽、线管、绝缘材料、劳保用品、安全警示牌、警戒围栏				
器材	代号	名称	型号	规格	数量
	SQ3 ~ SQ6	行程开关	LX3–11K	开启式	4
	KM6、KM7	交流接触器	CJ10–40	40 A、线圈电压 110 V	2
	FU2	熔断器	RL1–60/20	60 A、熔体 20 A	3
	FU3	熔断器	RL1–15/2	15 A、熔体 2 A	1

二、检修故障

1．观察故障现象

快速移动电动机 M2 不能正转，接触器 KM6 不吸合，其余正常。

2．确定故障范围并查找故障点

快速移动电动机 M2 不能正转的故障可能发生在 5# 接线局部、常开触点 SQ5–1、41# 接线、常闭触点 SQ6–2、43# 接线、KM7 辅助常闭触点、45# 接线、KM6 线圈、0# 接线局部。

采用电压测量法查找故障点。以变压器 TC 的 0# 接点为基准，检测 SQ5–1 上的 5# 接点的电压是否正常；以变压器 TC 的 1# 接点为基准，依次检测 KM6 线圈上的 0# 接点、KM6 线圈上的 45# 接点、KM7 辅助常闭触点上的 45# 接点、KM7 辅助常闭触点上的 43# 接点、SQ6–2 上的 43# 接点、SQ6–2 上的 41# 接点、SQ5–1 上的 41# 接点的电压是否正常。

3. 排除故障

（1）在有故障的镗床上或人为设置自然故障点的镗床上，由教师进行示范检修，边分析边检查，直至故障排除。

（2）由教师设置已知故障点，在教师指导下从故障现象着手进行分析，采用正确的检查步骤和检修方法进行检修。

任务 3 T68 型卧式镗床电气控制线路综合故障维修

学习目标

1. 熟悉 T68 型卧式镗床的运动形式及控制要求。
2. 掌握 T68 型卧式镗床电气控制线路的工作原理。
3. 熟悉 T68 型卧式镗床电气控制线路的常见故障及其排除方法。
4. 掌握 T68 型卧式镗床电气控制线路常见故障的检修流程，能正确排除故障。

任务引入

在使用过程中，由于电器元件老化、损坏或操作不当等原因，某加工厂生产车间的 T68 型卧式镗床电气控制线路出现故障，导致镗床不能正常工作，影响生产加工，需要由电气维修人员对设备进行故障诊断，确定故障类型，分析故障原因，查找故障点，并排除故障，以恢复设备的正常使用性能。T68 型卧式镗床电气控制线路如图 5–3–1 所示。

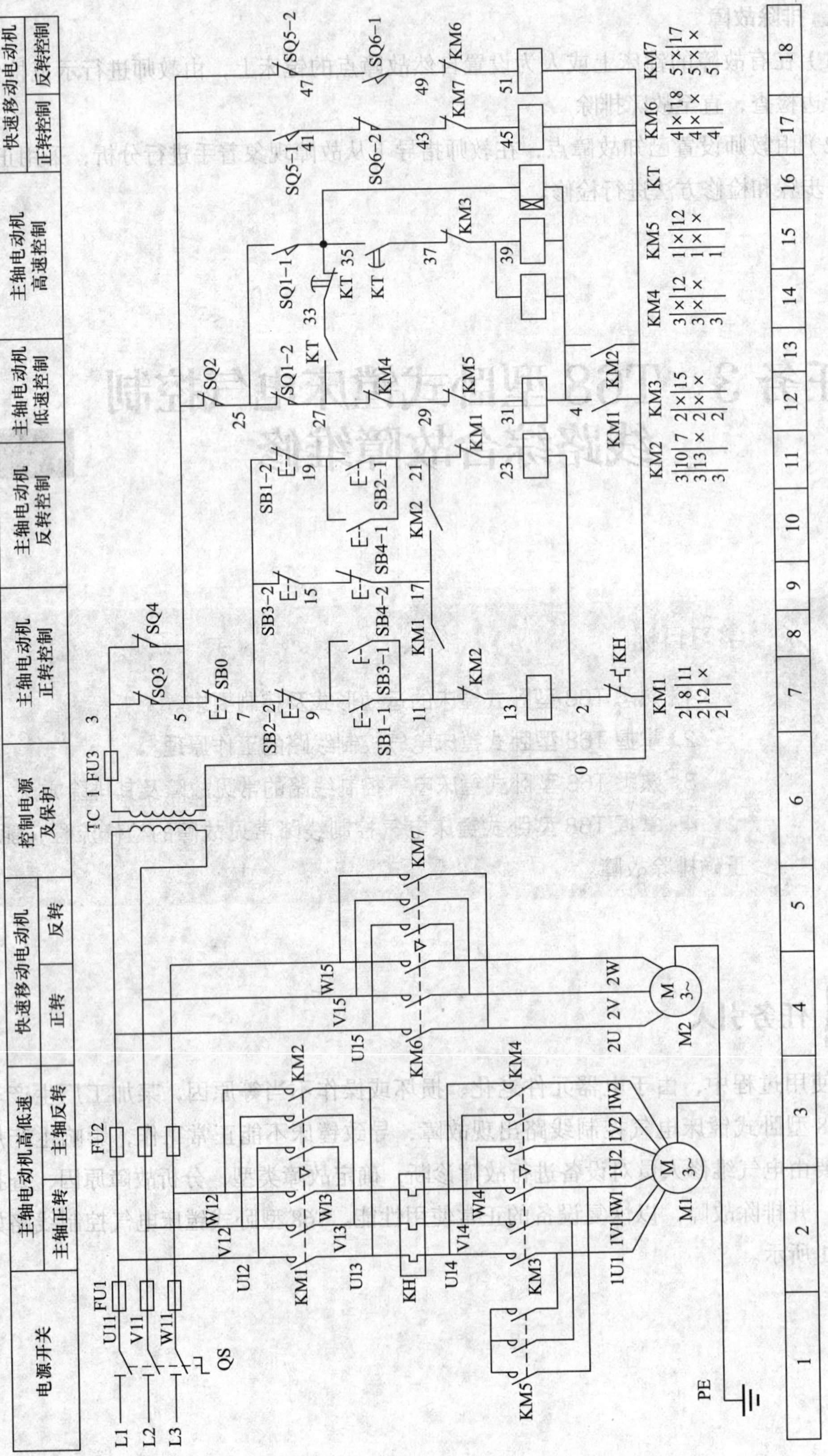

图 5-3-1　T68 型卧式镗床电气控制线路

相关知识

一、T68 型卧式镗床的主要运动形式及控制要求

1. 主要运动形式

（1）主运动：主轴和花盘的旋转运动。

（2）进给运动：主轴的轴向进给，花盘上刀具溜板的径向进给，工作台的横向和纵向进给，主轴箱沿前立柱导轨的升降运动。

（3）辅助运动：工作台的回转，后立柱的轴向水平移动，尾架的垂直移动以及各部件的快速移动。

2. 控制要求

（1）为适应各种工件的加工工艺，主轴应有较大的调速范围，采用交流双速电动机驱动的滑移齿轮有级变速系统。由于镗削加工是恒功率负载，主轴电动机的接法为三角形－双星形。

（2）由于采用滑移齿轮变速，为防止顶齿现象，要求主轴系统变速时做低速断续冲动。

（3）加工过程中要求主轴正反转点动调速，通过主轴电动机低速正反转实现。

（4）主轴电动机低速时可以直接启动，高速时应确保先接通低速经延时再接通高速，以减小启动电流。

（5）运动部件多，快速移动由快速移动电动机拖动。

二、T68 型卧式镗床电气控制线路工作原理分析

T68 型卧式镗床电气控制线路如图 5–3–1 所示。

1. 主电路分析

T68 型卧式镗床有两台电动机。由于镗床变速范围大，采用双速电动机拖动。M1 是主轴电动机，由接触器 KM1 和 KM2 控制正反转，接触器 KM3、KM4 和 KM5 实现三角形－双星形变速切换，热继电器 KH 作过载保护，熔断器 FU1 作短路保护。M2 是快速移动电动机，由接触器 KM6 和 KM7 控制正反转，熔断器 FU1、FU2 作短路保护。M2 是短期工作，不设置热继电器。

2. 控制电路分析

控制电路的电源由控制变压器 TC 二次侧输出 110 V 交流电压提供，熔断器 FU3 作短路保护。

（1）主轴电动机 M1 的控制。包括正反转控制、制动控制、高低速控制、点动控制以及变速冲动控制。

（2）快速移动电动机 M2 的控制。各部件的快速移动均由快速移动手柄、行程开关 SQ5 和 SQ6、接触器 KM6 和 KM7 控制快速移动电动机 M2 拖动。

（3）安全保护联锁通过两个并联的行程开关 SQ3、SQ4 来实现。

三、T68 型卧式镗床电气控制线路的常见故障及其排除方法（见表 5-3-1）

表 5-3-1　T68 型卧式镗床电气控制线路的常见故障及其排除方法

故障现象	主要故障点	检修排除方法
镗床整机不能工作	电源部分、QS、FU1、FU2、TC、FU3 故障或相关接线脱落	修复或更换电源部分、QS、FU1、FU2、TC、FU3，接好脱落线
M1 不能反转	4# 接线局部、KM2 辅助常开触点、0# 接线局部故障	修复或更换 KM2、相关接线
M1 不能正转	4# 接线局部、KM1 辅助常开触点、0# 接线局部故障	修复或更换 KM1、相关接线
M1 不能低速运转	27# 接线局部、KM4 辅助常闭触点、29# 接线、KM5 辅助常闭触点、31# 接线、KM3 线圈、4# 接线局部故障	修复或更换 KM3、KM4、KM5、相关接线
M1 正反向都不能启动		
M1 只能在低速挡运转，不能在高速挡运转		
变速手柄置于高速挡时，M1 低速启动后仍一直低速运转	参见表 5-1-2	
变速手柄置于高速挡时，M1 低速启动后不能切换到高速运转而自动停车		
M2 不能正转		
M2 不能反转	参见表 5-2-2	
M2 不能正反转		

四、T68 型卧式镗床电气控制线路常见故障的检修流程

1. 故障一：镗床整机不能工作

检修流程如图 5-3-2 所示。

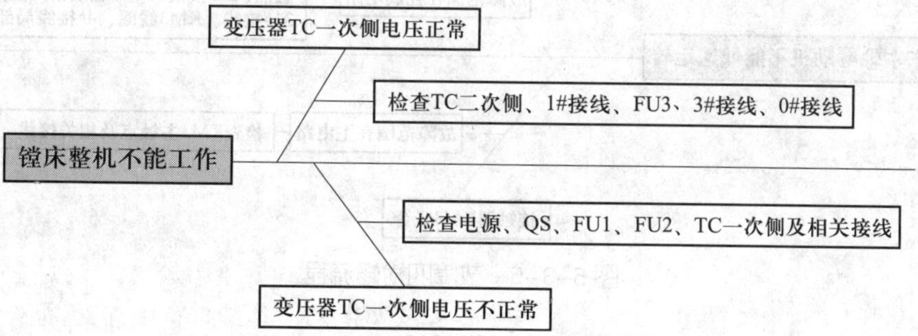

图 5-3-2　故障一检修流程

2. 故障二：主轴电动机 M1 不能反转

检修流程如图 5-3-3 所示。

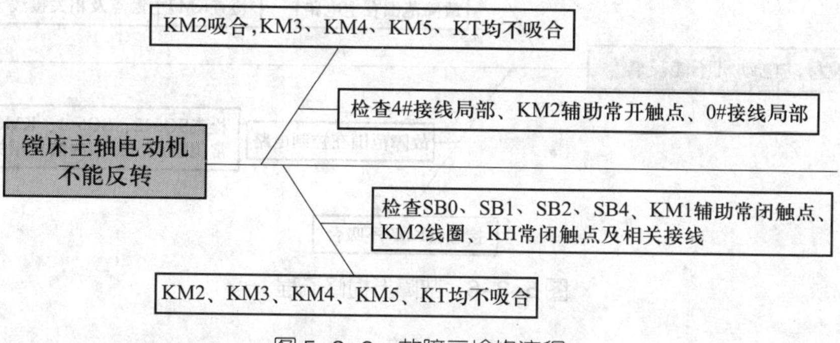

图 5-3-3　故障二检修流程

3. 故障三：主轴电动机 M1 不能正转

检修流程如图 5-3-4 所示。

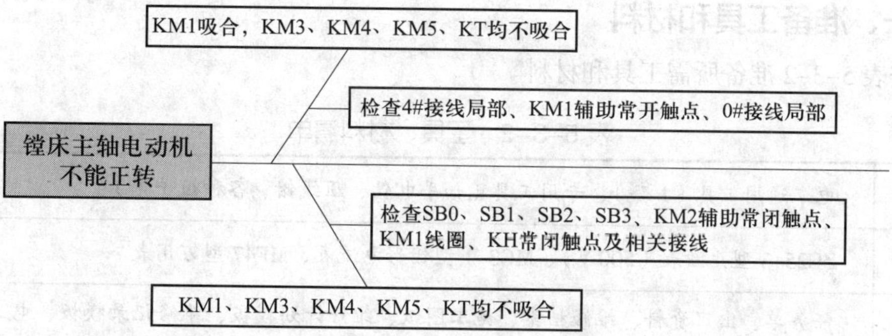

图 5-3-4　故障三检修流程

4. 故障四：主轴电动机 M1 不能低速运转

检修流程如图 5–3–5 所示。

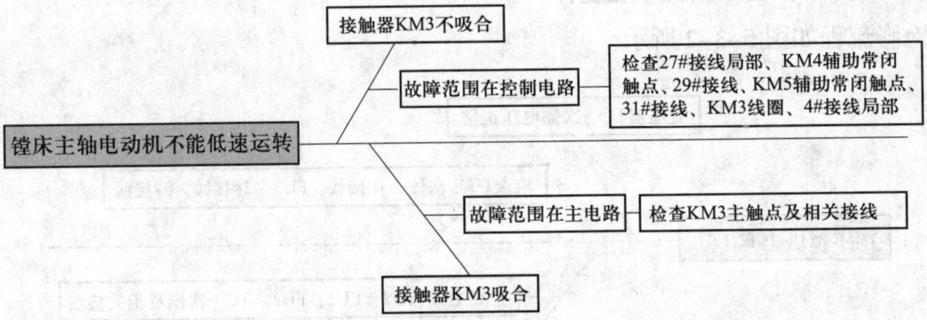

图 5–3–5　故障四检修流程

5. 故障五：快速移动电动机 M2 不能反转

检修流程如图 5–3–6 所示。

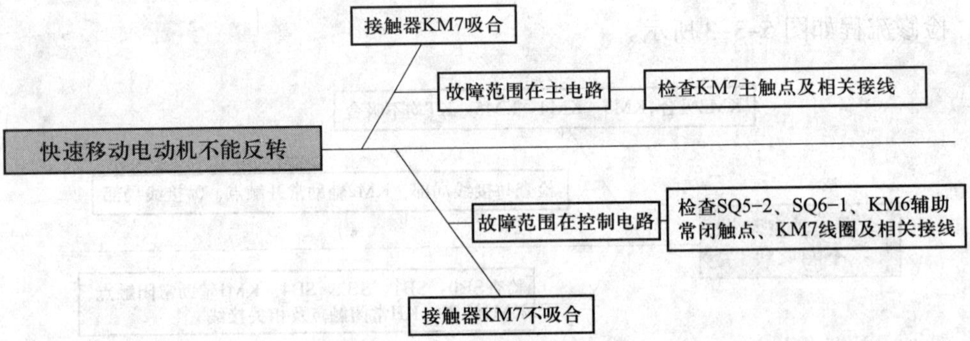

图 5–3–6　故障五检修流程

任务实施

一、准备工具和材料

按表 5–3–2 准备所需工具和材料。

表 5–3–2　工具、材料清单

工具	电工通用工具（1 套）、专用工具（如手电钻、压线钳、各种扳手等）
仪表	ZC25–3 型兆欧表（500 V）、MG3–1 型钳形电流表、MF47 型万用表
资料	任务单、出厂资料、维修档案、施工图纸、维修计划模板、维修记录模板、电工安全操作规程、电工手册、电气装置安装工程施工及验收规范等

续表

材料	导线、控制器件、保护器件、线槽、线管、绝缘材料、劳保用品、安全警示牌、警戒围栏				
器材	代号	名称	型号	规格	数量
	KH	热继电器	JR16-40/3D	整定电流 14.5 A	1
	KM1 ~ KM7	交流接触器	CJ10-40	40 A、线圈电压 110 V	7
	KT	时间继电器	JS7-2	线圈电压 110 V	1
	QS	开关	HZ2-25/3	5 A、500 V	1
	TC	变压器	BK-400	380 V/110 V、24 V、6 V	1
	SB0 ~ SB4	按钮	LA2	—	5
	SQ1 ~ SQ6	行程开关	LX3-11K	开启式	6
	FU1	熔断器	RL1-60/40	60 A、熔体 40 A	3
	FU2	熔断器	RL1-60/20	60 A、熔体 20 A	3
	FU3	熔断器	RL1-15/2	15 A、熔体 2 A	1

二、检修故障

1. 故障一

（1）观察故障现象：镗床整机不能工作。

（2）确定故障范围并查找故障点：镗床整机不能工作的故障可能发生在电源部分、QS、FU1、FU2 及相关接线，TC、1# 接线、FU3、3# 接线、0# 接线局部。

采用电压测量法查找故障点。首先，检测变压器 TC 一次侧电压是否为 380 V。如果一次侧电压是 380 V，则再检查 TC 二次侧、1# 接线、FU3、3# 接线、0# 接线；如果一次侧电压不是 380 V，则再检查电源、QS、FU1、FU2、TC 一次侧及相关接线。

2. 故障二

（1）观察故障现象：主轴电动机 M1 不能反转，只有 KM2 吸合，KM3、KM4、KM5、KT 均不吸合，其余正常。

（2）确定故障范围并查找故障点：主轴电动机 M1 不能反转的故障可能发生在 4# 接线局部、KM2 辅助常开触点、0# 接线局部。

采用电压测量法查找故障点。按下 SB2，KM2 线圈得电，KM2 辅助常开触点（0–4）闭合，以变压器的 1# 接点为基准，依次检测 KM2 辅助常开触点上的 0# 接点、KM2 辅助常开触点上的 4# 接点的电压是否正常。

3. 故障三

（1）观察故障现象：主轴电动机 M1 不能正转，只有 KM1 吸合，KM3、KM4、KM5、KT 均不吸合，其余正常。

（2）确定故障范围并查找故障点：主轴电动机 M1 不能正转的故障可能发生在 4# 接线局部、KM1 辅助常开触点、0# 接线局部。

采用电压测量法查找故障点。按下 SB1，KM1 线圈得电，KM1 辅助常开触点（0–4）闭合，以变压器的 1# 接点为基准，依次检测 KM1 辅助常开触点上的 0# 接点、KM1 辅助常开触点上的 4# 接点的电压是否正常。

4. 故障四

（1）观察故障现象：变速手柄置于“低速”挡时，主轴电动机 M1 不能运转；变速手柄置于“高速”挡时，主轴电动机 M1 不能低速启动，但是能高速运转；KM3 不吸合；快速移动电动机 M2 工作正常。

（2）确定故障范围并查找故障点：主轴电动机 M1 不能低速运转的故障可能发生在 27# 接线局部、KM4 辅助常闭触点、29# 接线、KM5 辅助常闭触点、31# 接线、KM3 线圈、4# 接线局部。

采用电压测量法查找故障点。将变速手柄置于“低速”挡，SQ1–2 闭合，按下 SB1，KM1 线圈得电，其辅助常开触点（0–4）闭合，以变压器 TC 的 0# 接点为基准，依次检测 27# 接点、29# 接点、31# 接点的电压是否正常；以变压器的 1# 接点为基准，检测 4# 接点的电压是否正常。

5. 故障五

（1）观察故障现象：快速移动电动机 M2 不能反转，KM7 不吸合，其余正常。

（2）确定故障范围并查找故障点：快速移动电动机 M2 不能反转的故障可能发生在 5# 接线、SQ5–2、47# 接线、SQ6–1、49# 接线、KM6 辅助常闭触点、51# 接线、KM7 线圈、0# 接线局部。

采用电压测量法查找故障点。以变压器 TC 的 0# 接点为基准，检测 SQ5–2 上的 5# 接点的电压是否为 110 V；以变压器的 1# 接点为基准，依次检测 KM7 线圈上的 0# 接点、KM7 线圈上的 51# 接点、KM6 辅助常闭触点上的 51# 接点、KM6 辅助常闭触点上的 49# 接点、SQ6–1 上的 49# 接点、SQ6–1 上的 47# 接点、SQ5–2 上的 47# 接点的电压是否正常。

在掌握 T68 型卧式镗床电气控制线路常见故障的检修流程和方法后，由教师根据实际情况设置综合故障点，在教师指导下从故障现象着手进行分析，采用正确的检查步骤和检修方法自行独立进行检修，并做好维修记录。

拓展学习 1

T68 型卧式镗床的调试

1. 在教师现场监护指导下，根据电气原理图的控制要求独立进行调试。

2. 调试步骤

（1）合上电源开关 QS，接通电源。

（2）变速手柄置于“低速”挡（行程开关 SQ1 未被压合）

1）按下正转点动按钮 SB3，接触器 KM1 得电吸合，主轴电动机 M1 低速正转点动。

2）按下反转点动按钮 SB4，接触器 KM2 得电吸合，主轴电动机 M1 低速反转点动。

3）按下正转启动按钮 SB1，接触器 KM1 得电吸合，主轴电动机 M1 持续低速正转；按下停止按钮 SB0，M1 断电停转。

4）按下反转启动按钮 SB2，接触器 KM2 得电吸合，主轴电动机 M1 持续低速反转；按下停止按钮 SB0，M1 断电停转。

（3）将变速手柄置于“高速”挡（压合行程开关 SQ1）

1）按下正转启动按钮 SB1，接触器 KM1 得电吸合，接触器 KM3 也得电吸合，主轴电动机 M1 低速正转启动；经过一段延时，接触器 KM4 和 KM5 得电吸合，主轴电动机 M1 接成双星形接法高速正转。

2）按下反转启动按钮 SB2，接触器 KM2 得电吸合，接触器 KM3 也得电吸合，主轴电动机 M1 低速反转启动；经过一段延时，接触器 KM4 和 KM5 得电吸合，主轴电动机 M1 接成双星形接法高速反转。

（4）将变速手柄拉出，选定转速后，推回至原位，压下行程开关 SQ2，主轴电动机 M1 变速冲动。

（5）将快速移动手柄压合行程开关 SQ5，接触器 KM6 得电吸合，快速移动电动机 M2 正转；将快速移动手柄压合行程开关 SQ6，接触器 KM7 得电吸合，快速移动电动机 M2 反转。

3. 调试过程中，如有异常情况，必须立即切断电源，排除故障。

拓展学习 2

T68 型卧式镗床电控系统的改造

一、T68 型卧式镗床控制逻辑分析

根据 T68 型卧式镗床电气控制线路（见图 5–3–1），T68 型卧式镗床控制要求如下：

1. T68 型卧式镗床的主运动与进给运动由同一台双速电动机 M1 拖动，各方向的运动由相应手柄选择，各部件的快速移动由另一台电动机 M2 拖动。

2. 为适应各种工件的加工工艺要求，主轴的旋转和轴向进给都应有较大的调速范围，因此，主轴电动机 M1 采用双速笼型异步电动机，并采用机械、电气联合调速，既扩大了调速范围，又简化了传动机构。

3. 由于进给运动有多个方向，因此，要求主轴电动机 M1 能正反转，并有高、低速两级调速。高速运转前应先低速启动，各方向进给应有电气联锁。

4. 各进给方向均能快速移动，因此，要求快速移动电动机 M2 能正反转。

二、输入输出通道地址分配

根据 T68 型卧式镗床控制逻辑，写出 PLC 输入输出通道地址分配表（见表 5–3–3）。

表 5–3–3　输入输出通道地址分配表

输入			输出		
代号	功能	输入继电器	代号	功能	输出继电器
SB0	主轴停止	X000	KM1	控制主轴电动机正转	Y000
SB1	主轴正转启动	X001	KM2	控制主轴电动机反转	Y001
SB2	主轴反转启动	X002	KM3	控制主轴电动机低速	Y002
SB3	主轴正转点动	X003	KM4	控制主轴电动机高速	Y003
SB4	主轴反转点动	X004	KM5	控制主轴电动机高速	Y004
SQ1	主轴变速控制	X005	KM6	控制快速移动电动机正转	Y005
SQ2	主轴变速冲动	X006	KM7	控制快速移动电动机反转	Y006
SQ3	安全保护连锁	X007			

续表

输入			输出		
代号	功能	输入继电器	代号	功能	输出继电器
SQ4	安全保护连锁	X010			
SQ5	正转快速移动	X011			
SQ6	反转快速移动	X012			

三、PLC 改造接线图

T68 型卧式镗床 PLC 改造接线图如图 5-3-7 所示。

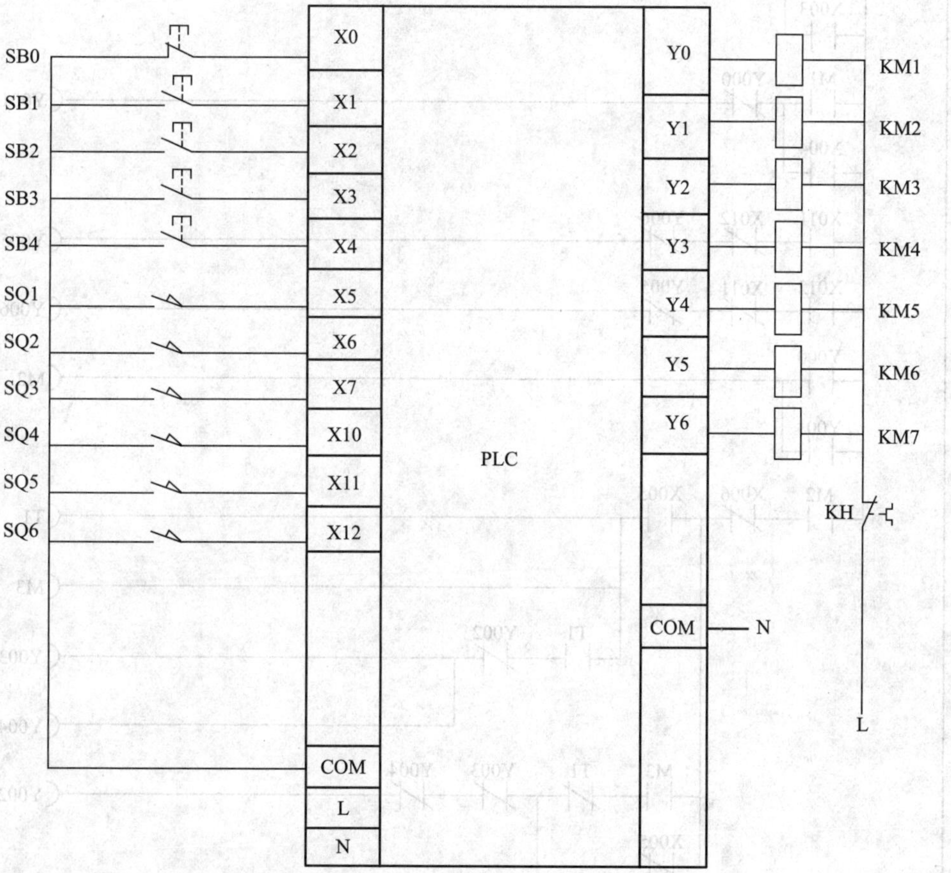

图 5-3-7　T68 型卧式镗床 PLC 改造接线图

四、PLC 改造梯形图

T68 型卧式镗床 PLC 改造梯形图如图 5-3-8 所示。

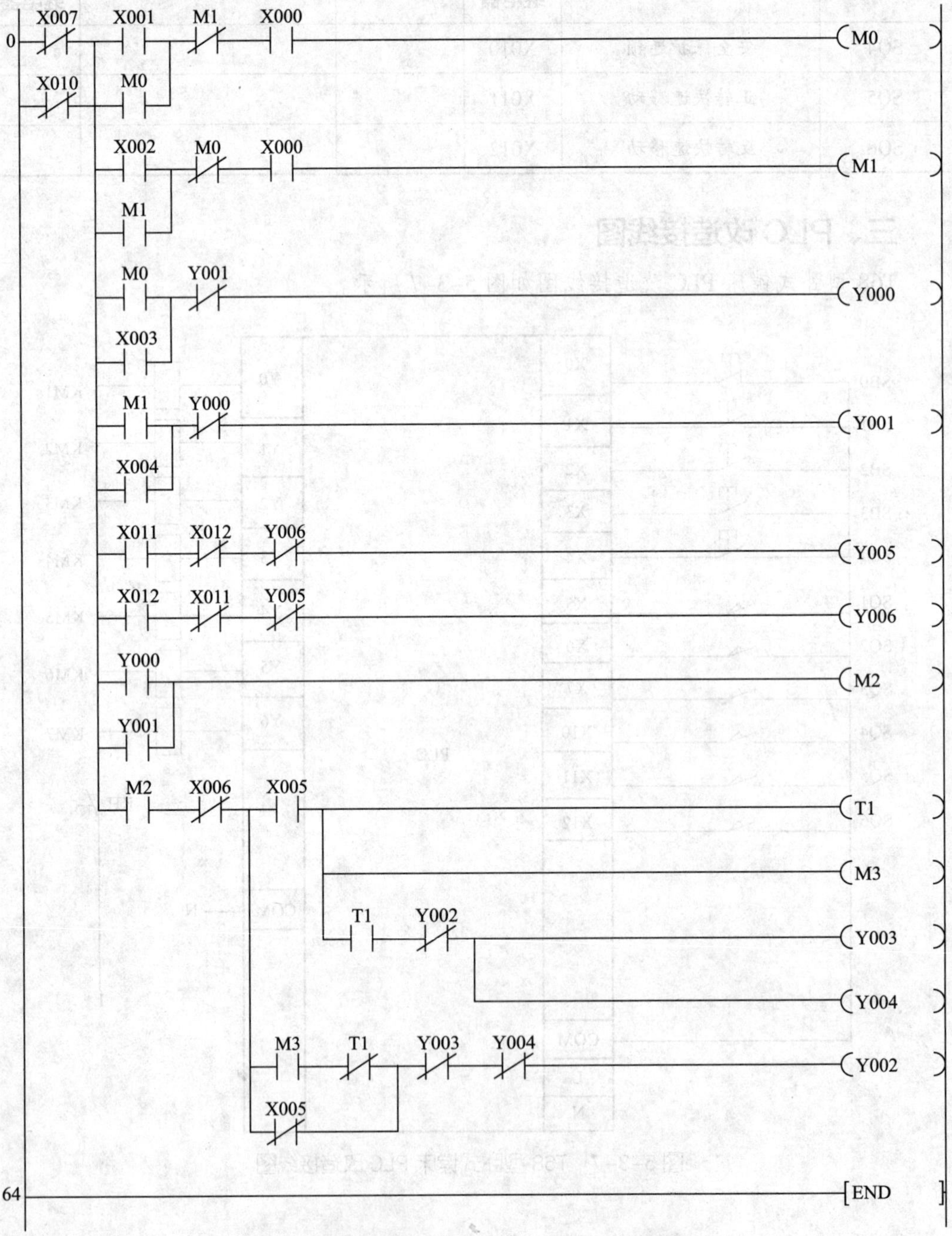

图 5-3-8　T68 型卧式镗床 PLC 改造梯形图